全国煤矿安全技术培训通用教材

煤矿井下爆破作业

中国煤炭工业安全科学技术学会煤矿安全技术培训委员会

应 急 管 理 部 信 息 研 究 院   组织编写

应 急 管 理 出 版 社

· 北 京 ·

图书在版编目（CIP）数据

煤矿井下爆破作业/中国煤炭工业安全科学技术学会煤矿安全技术培训委员会，应急管理部信息研究院组织编写 . -- 北京：应急管理出版社，2019

全国煤矿安全技术培训通用教材

ISBN 978 - 7 - 5020 - 7297 - 1

Ⅰ . ①煤… Ⅱ . ①中… ②应… Ⅲ . ①煤矿开采—井下作业—爆破技术—安全培训—教材 Ⅳ . ①TD235. 4

中国版本图书馆 CIP 数据核字（2019）第 065583 号

煤矿井下爆破作业（全国煤矿安全技术培训通用教材）

组织编写	中国煤炭工业安全科学技术学会煤矿安全技术培训委员会
	应急管理部信息研究院
责任编辑	刘永兴　杨晓艳
责任校对	孔青青
封面设计	于春颖

出版发行	应急管理出版社（北京市朝阳区芍药居 35 号　100029）
电　话	010 - 84657898（总编室）　010 - 84657880（读者服务部）
网　址	www. cciph. com. cn
印　刷	北京雁林吉兆印刷有限公司
经　销	全国新华书店

开　本	$710\text{mm} \times 1000\text{mm}^1/_{16}$	**印张**	$9^3/_4$	**字数**	176 千字
版　次	2019 年 6 月第 1 版　2019 年 6 月第 1 次印刷				
社内编号	20180451		**定价**	28. 00 元	

编　委　会

前　　言

党中央、国务院高度重视煤矿安全生产工作。特别是党的十八大以来，习近平总书记就安全生产工作做出一系列重要指示批示，其中对煤矿安全生产工作的系列指示批示为做好新时代煤矿安全生产工作提供了行动指南。近年来，各产煤地区、煤矿安全监管监察部门和广大煤矿企业深入贯彻落实习近平总书记关于安全生产重要论述，按照应急管理部和国家煤矿安监局的工作部署，紧紧扭住遏制特大事故这个"牛鼻子"，扎实推进各项工作措施落实，全国煤矿安全生产工作取得明显成效，实现事故总量、较大事故、重特大事故和百万吨死亡率同比"四个下降"，煤矿安全生产形势持续明显好转。

同时，我们也要清醒地看到，煤矿地质条件复杂，技术装备水平不高，职工队伍素质有待提升，安全管理薄弱，我们还不能有效防范和遏制重特大事故，个别地区事故反弹，诸多突出问题亟待解决，安全生产形势依然严峻。为此，必须以践行习近平新时代中国特色社会主义思想的高度，从维护改革发展稳定、增加人民福祉的大局出发，以对党和人民高度负责的精神，认真落实党中央、国务院有关安全生产的指示精神，高度重视安全教育和培训工作对搞好煤矿安全工作的重要作用，牢固树立安全第一的思想，落实安全生产责任，切实加强煤矿安全生产工作。各类煤矿企业都要根据国家有关法律法规关于对企业从业职工进行安全教育和培训的规定，根据国家煤矿安监局提出的"管理、装备、素质、系统"四并重的煤矿安全基础工作理念，以及新颁布的《煤矿安全培训规定》要求，大力加强和规范煤矿安全教育和培训工作。

　　为了配合做好新形势下煤矿安全教育和培训工作，在中国煤炭工业安全科学技术学会煤矿安全技术培训委员会、应急管理部信息研究院的支持下，应急管理出版社与全国有关煤矿安全中心通力合作，根据当前我国煤矿安全培训的实际和要求，以2004年出版的《全国煤矿安全技术培训通用教材》为基础，对其进行了重新修订编写。它的编写出版，对于搞好煤矿安全培训工作，提高各类煤矿企业干部职工的整体安全技术素质，增强安全生产的意识和法制观念，使煤矿职工真正做到遵章守纪、安全作业，切实减少和杜绝事故，具有重要作用。特别是本次新编通用教材总结过去的经验，扬长避短，力求更具有系统性、科学性和准确性，突出其针对性、实用性。本次新编通用教材将煤矿安全生产知识、法律法规公共部分与专业安全技术理论知识分开编写出版；专业安全技术分册按照《煤矿特种作业安全技术实际操作考试标准（试行)》的要求增加了实操培训内容；各册封底配有二维码，可微信扫描进行模拟测试，测试题紧扣国家题库，课后多加练习有利于提高通过率。本次新编通用教材是一套对煤矿各级干部、工程技术人员、特种作业人员和新工人进行系统安全培训的好教材。

　　在教材编写过程中，得到了中国煤炭工业安全科学技术学会煤矿安全技术培训委员会、各煤矿安全技术培训中心和有关煤矿企业及大专院校的大力支持。在此，谨向上述单位与教材编审人员深表谢意。

编　者

二〇一九年三月

目　　录

安全技术知识

安　全　操　作　技　能

安全技术知识

第一章　爆破安全技术基础知识

第一节　煤矿井下爆破作业人员基本
条件与岗位风险

一、煤矿井下爆破作业人员基本条件

根据《中华人民共和国安全生产法》《煤矿安全培训规定》《特种作业人员安全技术培训考核管理规定》等要求，煤矿井下爆破作业人员应当具备初中及以上文化程度（自 2018 年 6 月 1 日起新上岗的煤矿井下爆破作业人员应当具备高中及以上文化程度），具有煤矿相关工作经历，或者具有职业高中、技工学校及中专以上相关专业学历。

二、煤矿井下爆破作业岗位危险预知与风险管控

煤矿井下爆破作业岗位危险预知与风险管控见表 1 - 1。

表 1 - 1　煤矿井下爆破作业岗位危险预知与风险管控

序号	危险源	危　险　预　知	风　险　管　控
1	炸药、电雷管	未按规定领退爆炸物品，未验炮，入箱未核对数量；井下作业地点无爆炸物品箱，或爆炸物品不入箱、不落锁，乱扔乱放，造成爆炸物品流失	严格按规定管理爆炸物品，详细验炮，炸药、电雷管入箱落锁，认真核对爆炸物品的数量、质量
2	电气设备和导电体、电雷管、母线	爆破前电雷管脚线未扭紧并悬空、接触电气设备，爆破母线有明接头，造成早爆	爆破前电雷管脚线扭紧并悬空，严禁接触导电体和电气设备，爆破母线勤检查，杜绝出现明接头

表 1-1（续）

序号	危险源	危险预知	风险管控
3	发爆器、母线	发爆器电量不足、连线不良、爆破母线漏电、电雷管脚线破损、未按规定装药，造成拒爆、残爆	定期更换电池，详细检查连线，按规定装药，防止电雷管脚线破损
4	炮烟	爆破后时间短，没有把炮烟吹散，提前进入导致炮烟熏人；没有洒水降尘、风量不足；没有按爆破作业说明书装药	严格按说明书装药爆破，爆破后洒水降尘，按规定时间不少于 30 min 并等炮烟吹散后再进入
5	残爆、拒爆	爆破作业人员没有按照《煤矿安全规程》规定处理拒爆，有杂散电流，没有认真执行"三人连锁爆破"和"一炮三检"制度。爆破母线长度和距离达不到规定	按正确爆破流程作业，严格执行"一炮三检"与"三人连锁爆破"制度，爆破距离符合规定
6	顶板、支护	爆破地点危矸、活岩未处理。爆破后没有及时支护，或崩倒的支架等没有及时修正，在顶板破碎、片帮处逗留	认真进行敲帮问顶，及时处理危矸、活岩，及时超前支护
7	瓦斯、煤尘	井下爆破不按规定使用水炮泥，炮眼深度和封泥长度不符合规定，瓦斯浓度超限爆破，造成瓦斯、煤尘爆炸	井下爆破坚持使用水炮泥，爆破前后洒水降尘，炮眼深度和封泥长度符合规定，严格执行"一炮三检"及"三人连锁爆破"制度
8	各种工具、设备	爆破崩坏各种工具、设备	爆破前撤走或保护好各种工具和设备

第二节　爆炸基本知识

一、炸药及爆炸的一般特征

（一）爆炸

爆炸就是某一物质系统发生物理或者化学急剧变化的过程，通常具有声、光、热等能量形态，即破坏效应。爆炸现象在自然界及生产实践中比较常见，如轮胎爆炸、锅炉爆炸、鞭炮爆炸、瓦斯煤尘爆炸、炸药爆炸，以及原子弹、氢弹爆炸等，这些都是爆炸现象。

（二）炸药

炸药是在一定能量作用下，无须外界供氧就能够发生快速的化学反应，同时放出大量热量，生成大量气态产物的物质。

（三）炸药的基本特性

1. 具有相对的稳定性和化学爆炸性

当炸药未受到外界能量作用时，在常温下，处于相对稳定的状态，故能保证在加工、运输和使用时的安全。但炸药的物质结构属于化学不稳定体系，一旦受到外界能量的作用，就打破了原来的平衡状态，经化学反应，转化为爆炸，故具有化学爆炸性。

2. 微小的体积中蕴藏大量能量

单位质量的炸药爆炸时放出的热量比同等质量的普通燃料燃烧时放出的热量要小，但单位容积的炸药爆炸时放出的热量比单位容积的普通燃料燃烧时放出的热量要大数百倍，即炸药具有很高的能量密度。

3. 能够依靠自身的氧化实现爆炸反应

炸药主要由碳、氢、氧、氮四种元素组成。碳和氢为可燃元素，氧为助燃元素，炸药爆炸时与普通炸药燃烧时不同，它不需要外界供氧，只靠自身的氧就可以进行化学反应。炸药爆炸，实质上是其发生急剧化学反应的过程及结果。

二、炸药的反应形式与氧平衡

（一）炸药的反应形式

炸药的能量非常集中，释放能量时间很短，其能量瞬间释放对周围介质做功的过程即为爆炸。爆炸不是炸药唯一的化学变化形式。当炸药的性质、反应速度、激发条件和其他因素发生变化时，炸药的反应形式也不同，一般可分为以下 3 种。

（1）热分解。热分解是炸药在一定温度下缓慢发生的化学变化。温度越高，分解越迅速，这种反应变化发生在整个过程中，但反应变化过程中不产生火、光和声音，一般难以察觉。当温度较高时，炸药的分解反应会伴有热量放出。随着炸药内部热分解不断进行，炸药会逐渐发生化学变化直至变质，分解过程中还放出热量。若这些热量不能及时散发，就会使炸药内温度不断升高，分解加速，当温度升高到爆发点时，热分解过程就会转化为燃烧或爆炸。

因此，保存炸药时，要注意通风，控制温度、湿度和压力，防止因热量积聚而引起炸药燃烧或爆炸。

（2）燃烧。某些炸药在热源或火焰的作用下可以发生燃烧，炸药燃烧时的反应速度比热分解时的反应速度快，其速度可由每秒数厘米或数米，直至数百米；而且反应过程不需要外部供氧，在这种情况下，极易转变为爆炸，尤其在密闭空间内更是如此。

因此，一旦炸药着火不可用砂土掩埋，因为炸药本身含有氧化剂，不需要外界供氧，密闭反而会导致压力升高，使燃烧加速，甚至引起爆炸。

（3）爆炸。在足够能量作用下，炸药进行高速的化学反应，形成高温、高压，生成大量热量。爆炸与燃烧的化学反应虽然相同，但能量的传递方式不同，反应速度不同，反应的强烈程度也不同。爆炸反应形成压缩冲击波，使反应区内外的温度、压力和密度等状态产生剧烈变化，爆炸中心与外缘的压力相差很大。爆炸反应极为迅速，速度从每秒数百米至每秒数千米不等，爆炸反应比燃烧反应更为剧烈，放出的热量更多，形成的温度更高，并产生极高的压力。

根据爆炸特性的不同，可分为稳定爆炸和不稳定爆炸两种形式。反应速度保持恒定，以每秒数千米的最大爆速进行的爆炸称为稳定爆炸，又称为爆轰。而反应速度变化不定，且爆速较低的爆炸称为不稳定爆炸。不稳定爆炸容易产生残爆、爆燃或拒爆等爆破事故。

炸药的几种化学反应形式在一定条件下可以相互转化，如热分解、燃烧可以转化为爆炸，而爆炸也可以转化为燃烧。

（二）炸药的氧平衡

工业炸药的主要成分是碳、氢、氧、氮等元素。发生爆炸反应时，其中的氧分别与碳、氢发生剧烈氧化反应，生成爆炸产物。这就必然会产生一个问题：炸药中所含的氧能否足够使碳、氢充分氧化呢？炸药中的氧与碳、氢之间的数量关系就是炸药的氧平衡问题。根据炸药成分的配比不同，可能出现以下 3 种情况：

（1）零氧平衡炸药中的含氧量恰好与可燃物充分氧化所需的氧量相等。零氧平衡时，可燃物充分氧化，生成的热量大、爆能大、机械功也大，而且从理论上说不产生有毒气体，这是炸药应当具有的理想氧平衡，要求工业炸药至少接近零氧平衡。

（2）负氧平衡炸药含氧量不足，可燃物氧化不完全。负氧平衡时，由于可燃物氧化不完全，因而热量少、爆炸功也小，同时产生大量一氧化碳等有害气体。

（3）正氧平衡炸药含氧量过多，完全氧化可燃物后还有余氧。而余氧多呈新生氧的不安定状态，容易使氮氧化成二氧化氮或五氧化二氮，这也是极毒的气体。而且，这种第二次氧化的反应过程是吸热过程，它降低了炸药的爆热和威力。正氧平衡时，最终也将产生大量二氧化氮等有害气体，爆炸功同样也小。

应强调指出，炸药的氧平衡，不仅由组成成分决定，而且其他因素也影响着炸药的性能，如包装炸药的用纸、防潮物等，炸药受潮结块也会消耗一部分氧。

三、炸药的起爆与传爆

1. 炸药的起爆

炸药在未受外界能量作用时，处于相对稳定状态。利用炸药进行爆破作业时，必须由外界给予足够的能量，使炸药局部失去平衡发生爆炸反应。使炸药局部失去相对稳定状态，到开始发生爆炸反应的过程称为起爆。炸药起爆所需要的最低限度的能量称为起爆能。炸药起爆后，就不再需要外界能量，依靠已经发生的爆炸反应能量就可以继续进行爆炸反应。

2. 炸药的传爆

炸药的传爆是指炸药药包由起爆到爆炸结束的过程中，爆炸反应在药包中自行传递的过程。

四、炸药爆炸的主要性能参数

我国工业炸药一般采用的技术指标有：爆力、猛度、爆速、殉爆距离、含水率、密度，以及爆炸热力学参数等。

1. 爆力

爆力又称为炸药的做功能力，是指炸药爆炸后气体产物膨胀对周围介质做功（包括抛掷、破碎、压缩等）的能力，它是衡量炸药爆炸特性的重要指标。炸药做功能力的大小取决于爆炸反应时爆热的大小、爆温的高低及爆生气体的多少，爆热越大，爆温越高，爆生气体体积越大，则炸药的爆力越大，即爆炸威力越大。

不同的炸药，由于爆力不同，为爆破单位体积的某种岩石所耗用的炸药量（单位炸药消耗量）也不一样。

试验测定爆力的方法很多，我国常用铅铸扩孔法来测量爆力，用铅铸扩孔前后的容积差值来表示炸药的爆力。

2. 猛度

炸药的猛度是指炸药爆炸最初冲量的猛烈程度（也称为炸药的局部破碎作用），是炸药爆炸时对接触介质冲击粉碎的能力。它是衡量炸药爆炸特性及爆炸作用的重要指标。猛度越大，对周围介质的粉碎破坏程度越大。就爆破岩石而言，猛度通常表现为粉碎岩石的能力，炸药的猛度越大，炸出的岩石越碎。猛度主要与炸药的爆速有关，爆速越大，猛度也越大。

在煤炭开采中，使用猛度过大的炸药，会导致煤粉碎严重，使煤的质量降低。因此，选用炸药时应合理选择炸药的猛度。

猛度的试验测定方法有很多种，我国测量炸药的猛度常用铅柱压缩法，用压缩前后铅柱的高差，即铅柱压缩值来表示炸药的猛度。

3. 含水率

含水率是指炸药在自然状态下含水多少的指标。衡量工业用硝酸铵类炸药爆炸性能是否变化，含水率是特别重要的指标。质量标准规定，铵梯炸药（用于井下）的含水率不大于0.3%。

对于不含有易挥发油类的炸药，如铵梯炸药，其含水率的测定方法是：取一个已知质量并经烘干的称量瓶，把它放在天平上称取约10 g炸药试样（称准到0.0002 g），再放入60～70 ℃烘箱中，干燥4 h，取出放入盛有干燥剂的干燥器里冷却，然后称量，计算含水率，同时做两个测定，取其平均值，精确到0.01%，两个测定的误差不超过0.03%。

4. 密度

炸药密度是指单位体积（包括炸药颗粒间的间隙）的炸药质量，单位为g/cm³。炸药密度对炸药的爆炸性能影响很大。对于单质炸药，爆速随密度的增大而增大；对于混合炸药，密度与爆速的关系比较复杂，在一定范围内，增大密度能提高理想爆速，但超过这个范围继续增大密度，则会导致爆速下降，容易造成熄爆。

矿用炸药由几种物质混合而成，它们一般通过合理的颗粒级配合来确定一个最佳密度范围，在此范围内可以提高爆速，保证炸药传爆的稳定性。炸药密度过大或过小，都会使爆速下降，传爆不稳定，最终导致拒爆。

5. 爆速

爆速是指炸药起爆后，爆轰波沿炸药内部直线传播的速度，即传爆速度，单位为m/s。爆速是衡量炸药爆炸强度的重要指标，常用炸药的爆速在2500～7000 m/s之间。

炸药爆炸反应形式取决于传爆的稳定性，若反应速度较高，且保持恒定，则传爆稳定，反应形式为爆轰；若反应速度较低且易衰减，甚至熄爆，则传爆不稳定，反应形式为不稳定传爆。不稳定传爆的爆生热量少，爆生有毒气体多，爆速不断下降，爆炸冲击波明显削弱，情况严重时，会出现爆燃或中途拒爆。

爆速主要与炸药性质有关，同时还受许多因素的影响，如起爆能大小、装药直径、装药外壳材料强度，以及炸药装填密度或压药密度等。

爆速的测定方法有导爆索法、高速摄影法等。用导爆索法测定炸药爆速，方法简便，但所测得的数据略粗。

在井下爆破中，有时炮烟呛人、炮孔喷火，是炸药不稳定爆炸的典型特征，对安全极为不利，因此，确保传爆的稳定性非常重要。

6. 殉爆距离

殉爆是指主爆药包（卷）爆炸后，引起与它不相接触的邻近受爆药包（卷）爆炸的现象。殉爆在一定程度上反映了炸药对冲击波的敏感度。

主爆药包（卷）与受爆药包（卷）之间发生殉爆的概率为 100% 的最大距离称为殉爆距离。对于一定量的炸药来说，殉爆距离越大，表明爆轰感度越高。产生殉爆现象的原因主要是由于受爆药卷接受了主爆药卷的爆炸气流和以冲击波形式传来的足够的激发能量。

同一品种、同一规格的药卷，其殉爆距离为一定值。殉爆距离常用来确定光爆周边眼装药间隔、处理炮眼中拒爆炮眼参数，确定储存或堆放炸药的安全距离。

药卷间的殉爆距离一般可以通过试验来确定。试验时，将同一种炸药的两个药卷沿轴线隔一定距离平放在坚实的沙土地上，其中一个药卷装有电雷管作为主爆药包（卷），另一个药卷作为受爆药包（卷），然后引爆。根据形成的炸坑及有无残留的炸药和药卷外壳来判断殉爆情况，通过一系列试验，找出相邻药卷能够殉爆的最大距离。

对于抗水的炸药，必须进行浸水后殉爆距离的测定。先将药卷浸入 1 m 深的室温水下 1 h，再取出按上述方法进行殉爆试验。测出的殉爆距离应不低于规定值，否则炸药不合格。

影响殉爆距离的主要因素有：炸药的品种和规格，主爆药卷的密度，药量和直径，主、受爆药卷间的介质情况，主、受爆药卷间的相对位置等。

（1）炸药的品种和规格。不同的炸药其殉爆距离不同，如 1 号、2 号和 3 号岩石铵梯炸药的殉爆距离分别为 6 cm、5 cm 和 4 cm。

（2）主爆药卷的密度。若主爆药卷的密度增高，则殉爆距离增大。

（3）药量和药径。药量和药径增大，则殉爆距离增大。

（4）主、受爆药卷间的介质情况。若介质不是空气，而是水、金属、沙土、煤、矸石等，则殉爆距离明显下降，甚至出现传爆中断或产生爆燃、拒爆等现象。

（5）主、受爆药卷间的相对位置。主、受爆药卷轴线对正时，殉爆效果最好，如轴线垂直，则殉爆效果最差。

（6）对于粉状炸药，若受爆药卷水分过多，殉爆距离就会减小。

五、爆破自由面和最小抵抗线

1. 自由面

自由面是指爆破破碎的介质与另一种介质接触的界面。爆破时，位于药包附近被爆破的岩（煤）体与空气接触的界面叫作爆破自由面，如图1-1所示。

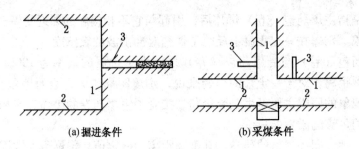

(a)掘进条件　　　　　　　(b)采煤条件

1—自由面；2—非自由面；3—炮眼

图1-1　自由面示意图

自由面存在是爆破破岩的必要条件，但自由面对爆破作用影响程度的大小，以及如何有效地利用自由面，则有以下规律可循：①自由面数目越多，爆破效果越好，耗药量也少。在掘进工作中，只有1个自由面，故常用一个中空大眼不装药，作为第2个自由面，可以提高爆破效果。②自由面面积越大，爆破效果越好。掘进掏槽爆破时，逐步扩大自由面，后起爆的炮眼眼距大，药量反而省，就是利用了这一规律。③自由面与炮眼方向之间的关系，垂直时效果最差，平行时效果最好，斜交时介于中间。④自由面的位置，在炮眼上面效果最差，在炮眼下面效果最好，在一侧次之，如图1-2所示，主要原因是岩石自重起了作用。将掏槽眼放在巷道断面下半部，用意就是可使大多数炮眼处于自由面下面的优越位置，这在一定程度上可以改善整个掘进工作面的爆破效果。

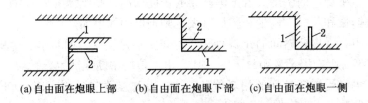

(a)自由面在炮眼上部　　(b)自由面在炮眼下部　　(c)自由面在炮眼一侧

1—自由面；2—炮眼

图1-2　自由面与炮眼的相对位置示意图

2. 最小抵抗线

从装药中心到自由面的最短距离称为最小抵抗线，常用符号 w 表示，如

图 1 - 3 所示。它是爆破工程中一个相当重要的参数。

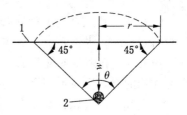

1—自由面；2—药包

图 1 - 3　最小抵抗线示意图

最小抵抗线包括以下几层含义：①最小抵抗线的大小决定着药包所要爆破下来的岩石体积、岩层厚度，同时也决定着所需要的炸药量和产生的爆破效果。所以确定 w 值是爆破技术的关键问题。②对于一个炸药包来说，抵抗线有无数条，以药包中心为爆源呈放射状分布，但是最小抵抗线一般情况下只有一条。最小抵抗线的方向是药包主要的破坏方向，所以工程上用最小抵抗线作为爆破参数。③w 的方向是被破坏岩石抛掷的主导方向。在爆破工程中要选择岩石的抛掷方向，只需找到最小抵抗线的方向就可以了，这一点有着重要的实际意义。

《煤矿安全规程》第三百五十九条中规定：工作面有 2 个及以上自由面时，在煤层中最小抵抗线不得小于 0.5 m，在岩层中最小抵抗线不得小于 0.3 m。浅孔装药爆破大块岩石时，最小抵抗线和封泥长度都不得小于 0.3 m。

第三节　煤矿许用炸药

一、煤矿许用炸药的基本要求

按炸药是否允许在煤矿井下有瓦斯或煤尘爆炸危险的采掘工作面使用，可分为煤矿许用炸药和非煤矿许用炸药 2 类。

煤矿许用炸药是指经国家授权的检验机构检验合格，并取得煤矿安全许用标志证书，经国家行政主管部门批准，符合《煤矿安全规程》规定，允许在煤矿井下有瓦斯或煤尘爆炸危险的采掘工作面使用的炸药。煤矿许用炸药应符合以下基本要求：

（1）在保证爆炸效果的前提下，煤矿许用炸药的爆炸能量应受到一定限制，使炸药爆炸的温度和压力符合安全等级要求，以适应瓦斯矿井的需要。通常炸药爆炸能量越低，其爆热、爆温等爆炸参数值越低，其爆轰波的能量、爆炸产物的温度越低，从而使瓦斯煤尘的发火率降低。

（2）煤矿许用炸药爆炸的化学反应必须是完全的，以保证炸药的安全性。炸药爆炸反应越完全，爆炸产物中的固体颗粒和爆炸产生的有毒气体量就越少，从而提高炸药的安全性。

（3）煤矿许用炸药的配比必须使其氧平衡接近于零（即零氧平衡），避免爆炸时引起瓦斯、煤尘燃烧、爆炸，或者产生过多的一氧化碳，引起二次火焰。正氧平衡的炸药在爆炸时能生成氧化氮和初生态的氧，容易引燃瓦斯煤尘。而负氧平衡炸药的爆炸反应不完全，会使未完全反应的固体颗粒增多，也容易生成一氧化碳，引起二次火焰，对安全生产极为不利。

（4）炸药成分中含有一定量的消焰剂——食盐、氯化铵或其他类似物质，起到消焰和阻化作用，抑制瓦斯、煤尘爆炸。

（5）煤矿许用炸药中不能含有促进瓦斯连锁反应的成分，不能含有易燃物质和其他杂质，不允许含有易燃的金属粉（如铝、镁粉等），也不允许使用铝壳电雷管。

（6）爆炸后无灼热固体产物，爆炸产生的有毒有害气体量要符合国家标准。

（7）有较好的、较高的起爆敏感度和较好的传爆能力，保证稳定爆轰，以保证其爆炸的完全性和传爆的稳定性，这样就使爆炸产物中未反应的炽热固体颗粒和爆炸瓦斯量减少，从而提高其安全性。

二、煤矿许用炸药的品种、使用条件、分级与选用

煤矿许用炸药的品种主要有煤矿许用水胶炸药、煤矿许用乳化炸药和煤矿许用离子交换炸药等。

1. 煤矿许用水胶炸药

水胶炸药是硝酸甲胺的微小液滴分散在含有多孔物质、以硝酸盐为主的氧化剂水溶液中，经稠化、交联而制成的凝胶状含水炸药。由于它采用了化学交联技术，故呈凝胶状态。

煤矿许用水胶炸药是在组成成分中加入一定配比的食盐、氯化铵等消焰剂，制成对煤矿瓦斯和煤尘安全性不一样的煤矿水胶炸药，共分为五个级别，目前使用较多的是一级和三级煤矿许用水胶炸药。

煤矿许用水胶炸药的特点：①抗水性强（浸在 $10 \sim 25$ ℃的水中 4 h，仍能用电雷管起爆）；②密度高（浆状炸药的密度为 $1.1 \sim 1.6$ g/cm³，水胶炸药的密度为 $1.2 \sim 1.25$ g/cm³，不但增加了体积威力，而且能沉入炮眼底部，将水排出炮眼）；③威力大（爆速一般在 4000 m/s 以上，猛度一般为 $15 \sim 20$ mm，爆力为 360 mL）；④安全性好（对机械作用、火花均不敏感，运输、贮存、使用安全方便，爆生有毒气体少）；⑤使用有效期长（水胶炸药的使用有效期为 12 个月）。

煤矿许用水胶炸药可用于井下小直径 $\phi 35$ mm 炮眼爆破，尤其适用于井下有水、岩石坚硬的深孔爆破。

2. 煤矿许用乳化炸药

煤矿许用乳化炸药是通过乳化剂的作用，使以硝酸盐为主的氧化剂水溶液微滴，均匀地分散在含有气泡或多孔性物质的油相连续介质中，形成的油包水型膏状含水炸药。

煤矿许用乳化炸药具有密度可调范围较宽、抗水性能强、爆速高、爆轰感度和爆炸性能好、原料丰富、制造工艺简单、生产及使用安全等一系列优点，因此，它是当前工业炸药发展的重点。煤矿许用乳化炸药分为五级，目前生产的主要有二、三、四级三种，如图1-4所示。

 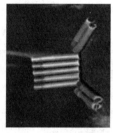 

(a) 乳化炸药 φ25mm（二级）　(b) 乳化炸药 φ27mm（三级）　(c) 乳化炸药 φ32mm（四级）

图1-4　乳化炸药

3. 煤矿许用离子交换炸药

煤矿许用离子交换炸药是以硝酸钠和氯化铵的混合物为主要成分，再加入敏化剂硝化甘油而成的煤矿许用炸药。硝酸钠和氯化钠称为离子交换盐。

通常情况下，交换盐比较稳定，不发生化学变化，但在炸药爆炸的高温高压条件下，交换盐就会发生反应，进行离子交换，生成氯化钠和硝酸铵。在爆炸瞬间产生的雾状氯化钠，作为消焰剂弥散在爆炸点周围，起到降低爆温和抑制瓦斯燃烧的作用。同时，生成的硝酸铵作为氧化剂继续参与爆炸反应。

离子交换炸药具有一种"选择爆轰"的独特性质，在不同的爆破条件下，它会自动调节消焰剂的有效数量和作用。例如，在炮孔内爆炸强烈，交换盐的反应更强，生成的氯化钠更多，其消焰降温的作用更强。反之爆炸能量自动降低，减少爆热与爆温，避免引爆瓦斯。

离子交换炸药是我国现有煤矿许用炸药中安全性最高的品种，特别适用于有煤与瓦斯突出危险的工作面。它具有较好的贮存安全性，间隙效应小，低温（-20℃）不会冻结等优点。炸药冻结或半冻结后感度高，运输和使用时要特别注意，尤其不要和酸、碱、油脂类杂物接触。

五级离子交换型煤矿炸药的质量标准见表1-2。

表1-2　五级离子交换型煤矿炸药的质量标准

项　目		数　值
水分		≤0.5%
渗油性		两层药卷纸交接处的油迹带宽度≤5 mm
殉爆距离		≥5 cm
猛度		≥6 cm
爆力		≥150 mL
安全度（悬吊法）		≥450 g
药卷密度		0.95~1.10 g/cm^3
贮存保证期限		9个月
贮存保证期末	殉爆距离	≥5 cm
	水分	≤1.0%

4. 被筒炸药

被筒炸药以2号煤矿铵梯炸药的药卷作为药芯，装入ϕ42 mm的石蜡纸筒内，在药卷与纸筒间填满粉状食盐，再封口成单个药卷。其消焰剂含量可高达药芯质量的50%，既提高了安全性，又解决了加盐后降低爆炸性能和爆轰不稳定的矛盾。

被筒炸药爆炸时，被筒内的食盐变成一层细粉状的帷幕，将爆炸点笼罩起来，使之与瓦斯隔离，具有相当高的安全性，可用于高瓦斯矿井或煤与瓦斯突出矿井中。

安全被筒品种较多，分为惰性被筒和活性被筒。惰性被筒用非爆炸性的材料制成，有刚性被筒、半刚性被筒、软性被筒、粉状被筒和液体被筒等品种；活性被筒用消焰剂和具有爆炸性的材料制成。

被筒炸药工艺比较复杂，工序较多，药卷直径大，容易吸潮，装药时被筒易破裂，药包之间不易传爆，目前只用于爆炸处理堵塞的溜煤眼和煤仓。

三、煤矿许用炸药的分级与选用

1. 煤矿许用炸药的分级

为适应不同瓦斯等级和不同工作面的要求，我国煤矿许用炸药的安全性等级及使用范围见表1-3。

表1-3 我国煤矿许用炸药的安全性等级及使用范围

炸药名称	炸药安全等级	使用范围
一级煤矿许用乳化炸药 一级煤矿许用水胶炸药 一级煤矿许用粉状乳化炸药 一级煤矿许用膨化硝铵炸药	一级	低瓦斯矿井岩石掘进工作面
二级煤矿许用乳化炸药 二级煤矿许用水胶炸药 二级煤矿许用粉状乳化炸药 二级煤矿许用膨化硝铵炸药	二级	低瓦斯矿井煤层采掘工作面
三级煤矿许用水胶炸药 三级煤矿许用乳化炸药 三级煤矿许用粉状乳化炸药	三级	高瓦斯矿井、煤油共生矿井、 煤与瓦斯突出矿井

2. 煤矿许用炸药选用应遵守的规定

井下爆破作业炸药的使用必须符合《煤矿安全规程》第三百五十条中的规定：井下爆破作业，必须使用煤矿许用炸药。一次爆破必须使用同一厂家、同一品种的煤矿许用炸药。煤矿许用炸药的选用必须遵守下列规定：

（1）低瓦斯矿井的岩石掘进工作面，使用安全等级不低于一级的煤矿许用炸药。

（2）低瓦斯矿井的煤层采掘工作面、半煤岩掘进工作面，使用安全等级不低于二级的煤矿许用炸药。

（3）高瓦斯矿井，使用安全等级不低于三级的煤矿许用炸药。

（4）突出矿井，使用安全等级不低于三级的煤矿许用含水炸药。

3. 煤矿许用炸药选用的注意事项

（1）煤矿许用炸药必须严格按照矿井瓦斯的安全等级选用，不得将用于瓦斯矿井的炸药用于高瓦斯矿井。

（2）有水和潮湿的工作面，必须选用抗水型炸药。

（3）要注意检查炸药的外形，如发现药卷出水，要尽快使用，如果出水严重，要经过性能检验，再确定是否可以继续使用。

（4）水胶炸药爆炸性能随温度的降低而下降，因此，应在 0 ℃ 以上使用，药温不宜过低。

（5）各级煤矿许用炸药对瓦斯的安全性能应达到《煤矿许用炸药瓦斯安全性等级及其检验方法》的规定，爆炸后有毒气体生成量应符合《煤矿许用炸药爆炸后有毒气体量测定方法和判定规则》的规定。

（6）运输、保管和使用乳化炸药时，不要挤压或用锋利物划破。

第四节 煤矿许用电雷管

一、煤矿许用电雷管的基本要求

按电雷管是否允许在煤矿井下有瓦斯或煤尘爆炸危险的采掘工作面使用，可分为煤矿许用电雷管和非煤矿许用电雷管两类。

煤矿许用电雷管是指经国家授权的检验机构检验合格，并取得煤矿安全许用标志证书，经国家行政主管部门批准，符合《煤矿安全规程》规定，允许在煤矿井下有瓦斯或煤尘爆炸危险的采掘工作面使用的炸药。煤矿许用电雷管应符合以下基本要求：

（1）煤矿许用电雷管不得使用铁壳或铝壳。

（2）煤矿许用电雷管不得使用聚乙烯绝缘爆破线，只能采用聚氯乙烯绝缘爆破线。

（3）在电雷管加强药中加入适量的消焰剂，控制其爆温、火焰长度和火焰延续时间。

（4）电雷管底部不做窝槽，改为平底，防止聚能穴产生的聚能流引燃瓦斯。

（5）采用燃烧温度低、生成气体量少的延期药，并加强电雷管延期药燃烧室的密封，消除延期药燃烧时喷出火焰引燃瓦斯的可能性。

（6）加强电雷管管壁的密封。

二、《煤矿安全规程》对电雷管使用的规定

井下爆破作业电雷管的使用必须符合《煤矿安全规程》第三百五十条中的规定：井下爆破作业，必须使用煤矿许用电雷管。一次爆破必须使用同一厂家、同一品种的煤矿许用电雷管。在采掘工作面，必须使用煤矿许用瞬发电雷管、煤矿许用毫秒延期电雷管或者煤矿许用数码电雷管。使用煤矿许用毫秒延期电雷管时，最后一段的延期时间不得超过130 ms。使用煤矿许用数码电雷管时，一次起爆总时间差不得超过130 ms，并应当与专用起爆器配套使用。

三、煤矿许用电雷管的结构、品种、选用及主要性能参数

煤矿许用电雷管包括煤矿许用瞬发电雷管、煤矿许用毫秒延期电雷管和煤矿许用数码电子雷管。

（一）瞬发电雷管

通入足够的电流后瞬间爆炸的电雷管称为瞬发电雷管。其构造如图1-5所示。它为直插式引火装置，无加强帽，构造比较简单，引发过程是由电流通过桥丝产生电阻热，瞬间点燃并起爆正起爆药，进而引爆副起爆药，当正起爆药一经点燃后，即使电流中断也能爆炸。瞬发电雷管由通电到爆炸时间小于13 ms，无延期过程。

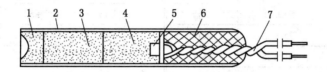

1—副起爆药（头遍药）；2—纸管壳；3—副起爆药（二遍药）；

4—正起爆药；5—桥丝；6—硫黄；7—脚线

图1-5 瞬发电雷管

瞬发电雷管可以分为普通型和煤矿许用型两种。前者可用于露天爆破，后者可用于高瓦斯矿井和煤与瓦斯突出矿井。瞬发电雷管的保质期一般为2年。

煤矿许用瞬发电雷管与普通瞬发电雷管的结构基本相同。正起爆药为二硝基重氮酚，副起爆药为黑索金，电引火元件由聚氯乙烯绝缘脚线、桥丝、药头、塑料塞等装配而成。外壳有纸壳的，也有金属壳的，电桥丝有镍铬丝和康铜丝。

煤矿许用瞬发电雷管之所以具有瓦斯安全性，主要是在副起爆药（猛炸药）中加入适量的消焰剂并采用专门工艺加压成型。消焰剂通常采用氯化钾，具有降低爆温、消焰和隔离瓦斯与爆炸火焰直接接触的作用，从而有效预防引爆瓦斯。

煤矿许用瞬发电雷管在巷道掘进中只能用于全断面分次爆破。

（二）毫秒延期电雷管

当通过足够电流时，各电雷管间隔若干毫秒后起爆，称为毫秒延期电雷管。

毫秒延期电雷管（图1-6）简称毫秒电雷管。毫秒电雷管分为普通型和煤矿许用型两种。国产普通毫秒电雷管共20段，用1.5 A恒定直流电测定，各段从通电到电雷管起爆的延期时间及脚线颜色标志见表1-4。

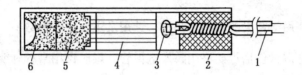

1—脚线；2—管壳；3—引火药头；4—铅延期体；5—正起爆药；6—副起爆药

图1-6　毫秒延期电雷管

表1-4　各段电雷管延期时间及脚线颜色标志

类型	段别	延期时间/ms	脚线颜色	类型	段别	延期时间/ms	脚线颜色
煤矿许用型	1	13	灰红		11	460 ± 40	用数字牌分区
	2	25 ± 10	灰黄		12	550 ± 45	用数字牌分区
	3	50 ± 10	灰蓝		13	650 ± 50	用数字牌分区
	4	$75 \pm^{15}_{10}$	灰白		14	760 ± 55	用数字牌分区
	5	110 ± 15	绿红	普通型	15	880 ± 60	用数字牌分区
普通型	6	150 ± 20	绿黄		16	1020 ± 70	用数字牌分区
	7	$200 \pm^{20}_{25}$	绿白		17	1200 ± 90	用数字牌分区
	8	250 ± 25	黑红		18	1400 ± 100	用数字牌分区
	9	310 ± 30	黑黄		19	1700 ± 130	用数字牌分区
	10	380 ± 35	黑白		20	2000 ± 150	用数字牌分区

　　毫秒电雷管应用广泛，是实施毫秒爆破的主要爆炸物品。普通毫秒电雷管可广泛用于各类爆破工程，但不能用于煤矿井下爆破作业。煤矿许用毫秒电雷管适用于有瓦斯或煤尘爆炸危险的采掘工作面、高瓦斯矿井或煤与瓦斯突出矿井。毫秒电雷管的保质期一般为1.5年。

　　煤矿许用毫秒电雷管采用铜壳或附铜铁壳，并增加外壳厚度，延期药装入能密封燃烧的五芯铅管中。

　　（三）数码电子雷管

　　1. 工业数码电子雷管

　　采用电子控制模块对起爆过程进行控制的电雷管，称为工业数码电子雷管，也称为数码电子雷管、数码雷管。

　　2. 煤矿许用数码电子雷管

　　允许在有可燃气体和煤尘爆炸危险的煤矿井下进行爆破作业，由电子延期模块与基础电雷管装配而成，使用电子电路控制延期起爆的电雷管，称为煤矿许用数码电子雷管。

3. 数码电子雷管的结构

数码电子雷管是用一个微型电子定时器（集成电路芯片）控制，取代了普通电雷管中的延期药与电点火元件，即采用电子控制模块对起爆过程进行控制的电雷管。其中电子控制模块置于数码电子雷管内部，具备电雷管起爆延期时间控制、起爆能量控制功能，不仅提高了延时精度，而且控制了通往引火头的电源，从而最大限度地减少了因引火头能量需求所引起的误差。起爆能力与传统延期电雷管相同，延期和控制是其两个基本功能。其结构如图1-7所示。

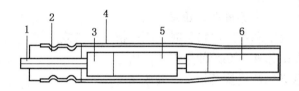

1—脚线；2—橡胶塞；3—电容器；4—管壳；5—电子定时器；6—瞬发电雷管

图1-7 数码电子雷管结构示意图

数码电子雷管是一种新产品，虽然现在已有煤矿许用数码电子雷管，但由于操作技术要求较高，还未在煤矿得到广泛使用。

4. 数码电子雷管的特点

数码电子雷管与普通延期电雷管相比具有如下特点：

（1）极高的安全性。数码电子雷管颠覆了传统的电雷管起爆方式，只有采用安全性极高的专用起爆器经过密码验证后才能起爆。普通电源如电池、交流电、直流电甚至220 V工频电源均不能起爆数码电子雷管，静电、雷电、杂散电流、射频等均不会误起爆数码电子雷管。

（2）良好的联网可检测性。数码电子雷管可对联网电雷管的ID地址、延期时间进行扫描，获知网路中每一发电雷管的地址、延时时间值、运行是否正常等，确保可靠起爆。

（3）延期时间精确。数码电子雷管在同时间段的误差约为±3 ms，且名义上延时升高时误差变化很小。

（4）不受段别限制。数码电子雷管可按照爆破工程需要设置时间，无窜段，可在爆破工程中轻易实现逐孔微差精确控制爆破。

（四）煤矿许用电雷管的选用

1. 煤矿许用电雷管的选用条件

煤矿许用瞬发电雷管由于没有延期时间，所有电雷管都在同一瞬间起爆，不利于顶板控制，容易发生爆破伤人事故，故不宜用于大规模爆破作业。

煤矿许用毫秒延期电雷管通过足够电流时，各电雷管间隔若干毫秒后依次起爆，可广泛用于各类矿山工程的毫秒爆破作业。它是实施微差爆破的一种起爆器材，可以提高爆破效率，减轻地震效应，可适用于有瓦斯或煤尘爆炸危险的采掘工作面、高瓦斯矿井或突出矿井。

煤矿许用数码电子雷管由于具有极高的安全性，随着技术条件的日益成熟，应在煤矿大力推广使用。

2. 选用煤矿许用电雷管时的注意事项

（1）保管、运输和使用电雷管时，不得挤压、碰撞。

（2）井下爆破作业，必须使用煤矿许用电雷管。

（3）电雷管必须严格执行轻拿、轻放制度。

（4）不同厂家、不同批次的电雷管不得混用。

（5）不得使用进水，起爆药受潮的电雷管。

（6）严禁使用外壳有裂缝、严重砂眼的电雷管。

（7）不得使用桥丝接触不良、松动、折断或电阻不稳定的电雷管。

（8）不得使用脚线裸露处表面氧化的电雷管。

【案例】2007 年 9 月 28 日，内蒙古自治区某公司延期药制造工房干燥工序在延期药传递过程中发生爆燃继而转为爆炸，同时引起斜对面晾药间和造粒间殉爆，造成 1 人死亡，直接经济损失 1.5 万元。

（五）煤矿许用电雷管常见问题及对安全爆破的影响

（1）如果不同厂家、不同批次的电雷管同时串联使用，电打火特性差异过大，造成串联丢炮（即用单发发火电流单独通电仍能起爆，但串联通电时却未被点燃），使部分电雷管拒爆。

（2）若电雷管进水，起爆药受潮，易发生电雷管拒爆或"胆响药不响"的现象。

（3）若电雷管外壳有裂缝、严重砂眼，无法引爆炸药或使炸药发生爆燃。

（4）电雷管脚线裸露处表面氧化，导致电阻增大，有时单个电雷管的电阻可达 100 Ω 以上，从而使整个爆破网路电阻超过发爆器的能力，造成丢炮、拒爆。

（5）电雷管桥丝接触不良、松动、折断或电阻不稳定。这种情况往往使电雷管电阻明显增大，造成电雷管不响或整个网路拒爆。

（六）电雷管的编号与导通

1. 电雷管的编号

采取电雷管编号制度，就是在电雷管外壳上粘贴或刻印上每个爆破工的联号，发放电雷管时，发放工要登记每个爆破工领取的各种电雷管的数量和联号，由爆炸物品管理工记录在案，保存待查。

对电雷管进行编号是对爆炸危险品进行严格管理的一项重要措施，目的是为了防止接触电雷管的人员私下互相转手或私自违章处理电雷管或丢失，以及防止丢失的电雷管流失到社会造成更大危害。电雷管编号后，对于电雷管的丢失，容易查找责任者，也有利于增强其责任心。所以《煤矿安全规程》第三百三十七条中规定：煤矿企业必须建立爆炸物品领退制度和爆炸物品丢失处理办法。

电雷管的编号工作要按照爆破工的实际需要进行，每个爆破工都要有自己的号码，每个电雷管都要编号，不得出现漏编，所编的号码要准确、清晰、牢固、分号存放。

纸壳电雷管的编号用鸭嘴笔沾上不同颜色的墨水（或用铁笔和其他方法）轻轻划破石蜡印到纸壳上，严禁用油漆编号。电雷管编号的位置一般在电雷管两头，其编号所使用的字码，可以用阿拉伯字码，也可以用罗马字码。

2. 电雷管的导通

虽然电雷管成品在包装前，制造厂家已经进行了导通检查，但由于电雷管引火元件的桥丝有的是手工操作点焊的，有的接触不牢固，在搬运过程中由于颠簸受震动和多次装卸，个别电雷管的桥丝可能会脱掉，或电雷管脚线被折断而不导通。出厂产品不合格率1/1000~3/1000是允许的。另外，还有超过有效期或贮存在特别潮湿环境中的电雷管，桥丝可能会锈蚀而不导通。特别是清退的电雷管，又经过爆破工长途携带、摩擦、振动、扭折等，更可能出现桥丝脱焊。为了尽量避免爆破作业因电雷管不导通而出现拒爆现象，《煤矿安全规程》第三百三十七条规定：电雷管（包括清退入库的电雷管）在发给爆破工前，必须用电雷管检测仪逐个测试电阻值，并将脚线扭结成短路。

发放前检测可以避免电阻值不合格的电雷管出库。因为这些电雷管，特别是在采用串联爆破时，网路可能会出现拒爆。

电雷管的导通检查，必须在单人单间的操作室进行。操作室内要有单独的操作台、导通表和防爆筒。

做电雷管导通时，应先将20发电雷管放入防爆箱内，一次只能导通一发，把电雷管脚线的一端卡在导通表接点装置的一端，使脚线与接点装置接通，再将电雷管脚线的另一端，逐发与导通表接点装置的另一端连通。检测时，观察导通表指针是否移动，若指针移动，则说明电雷管导通，无断路；若指针不移动，则说明电雷管不通，有断路，这样的电雷管应拿出来，不得发放或打包。另外，若指针移动幅度保持在一定范围内，说明电雷管的电阻值变化幅度不大，属于合格的电雷管；若指针移动幅度很大，说明电雷管的电阻值变化幅度很大，以及全电阻值不符合规定，这些电雷管均应选出来，因为这样的电雷管在使用中采用串联爆破时，网路可能会出现丢炮。

电雷管导通时，应注意以下事项：

（1）检查导通时，操作台上只能存放 100 发电雷管，工作室内电雷管的存放量不能超过 1000 发，以防止检查时发生意外而引起较大事故。

（2）导通时只能一发一发地检查。

（3）导通室的桌子上必须铺有能导静电的半导体橡胶板，橡胶板下还必须铺设金属网，并用导线将其接地，以防止操作中由于摩擦垫层产生静电引起电雷管爆炸。

（4）电雷管发放桌子的边缘突起高度，至少高于软质垫层 10 mm，以防止电雷管掉在地上。

（5）防爆筒必须符合要求，操作者胸前应设有护心板和其他安全设施，以确保安全操作。

（6）电雷管必须轻拿、轻放。

（七）电雷管的主要性能参数

1. 动作时间

电雷管从通电开始到爆炸的时间称为动作时间。

电雷管在通入特定电流（康铜丝为 2 A 恒定直流电，镍铬丝为 1.2 A 恒定直流电）时，测得的动作时间称为电雷管的秒量，以秒或毫秒来表示。国产秒延期电雷管和毫秒延期电雷管用 1.5 A 恒定直流电测定的动作时间即为秒量。

2. 电雷管全电阻

桥丝电阻和脚线电阻之和为电雷管全电阻，简称电雷管电阻。

电雷管电阻对安全爆破影响很大，在电雷管发放前必须逐个测定，排除断路、短路、电阻特大或特小的电雷管，使同一网路的电雷管电阻差不应超过相关规定，康铜桥丝不应超过 0.25 ~ 0.3 Ω，铬桥桥丝不应超过 0.8 Ω。

3. 电雷管安全电流

以恒定直流电流通入电雷管，保证在规定时间内不发火的最大电流称为电雷管安全电流。考虑到足够的安全系数，国家标准规定：电雷管的安全电流为 0.05 A（50 mA），即 0.05 A 的直流电通入电雷管持续 5 min，不允许发生爆炸。

目前生产的检查电雷管导通性与电阻值的仪表，其工作电流均小于上述安全电流。

对电雷管安全电流进行规定的实际意义是：选用仪表检测电雷管时，只要仪表的工作电流小于这个值，就不会引爆电雷管；确认爆破地点杂散电流小于这个值时，也不会发生意外爆炸。

4. 最小发火电流

电雷管达到规定的发火概率所需施加的最小电流称为最小发火电流。测定时，通电时间为 1 min，单发测试，从小到大改变电流，直到全部 25 发电雷管全部爆炸时的电流值，作为单个电雷管的最小发火电流。国家标准规定：任何厂家生产的电雷管，其最小发火电流均不得超过 0.7 A。一般国产电雷管的最小发火电流，康铜桥丝电雷管为 0.4~0.7 A，镍铬桥丝电雷管为 0.2~0.25 A。

实际工作中，通过单个电雷管的电流应大于最小发火电流。采用直流电起爆时，准爆电流取 2.5 A；采用交流电起爆时，准爆电流取 4 A，以保证电雷管可靠起爆。

5. 串联准爆电流

将待试验的电雷管分成若干组预先串联起来，每组 20 发，然后以恒定直流电由小到大依次通入各串联组，连续 3 次使组内电雷管全部爆炸的最小电流称为串联准爆电流。

技术标准规定：20 发电雷管串联时，康铜桥丝电雷管通以 2 A 恒定直流电，镍铬桥丝电雷管通以 1.2 A 恒定直流电，应全部爆炸。

当需点燃的冲能小的电雷管首先爆炸时，就会把桥丝熔断，或把爆破网路炸断，这对于需点燃的冲能较大（钝感）的电雷管来说，意味着在桥丝还未发火的情况下爆破网路被提前切断起爆电流，无法供给电流，钝感的电雷管将拒爆。规定串联准爆电流的意义在于克服这种现象。

6. 4 ms 发火电流

根据国家标准关于煤矿用电容式发爆器的规定，电雷管的通电时间固定为 4 ms，调节通入电雷管的直流电流，连续测试 20 发都能引爆的电流值，称为 4 ms 发火电流。

规定 4 ms 发火电流数值对实际安全工作具有重要意义：由于在 4 ms 内，网路上所有电雷管已经得到足够的起爆电流，即使最先爆炸的炸药，其爆轰波和被爆破的岩块破坏了电爆网路，但仍能满足网路中所有电雷管的供电要求。

较早生产的发爆器，如 MFB 型发爆器，是按 6 ms 电流供电设计的，国家标准新规定的 4 ms 电流比 6 ms 电流更为安全可靠。

7. 起爆能力

电雷管起爆时所具有的能量叫作起爆能力。电雷管中的起爆药量越多，起爆能力就越强。工业电雷管按起爆能力划分为 10 个号别，号数越大，起爆能力越强。我国通常只生产 6 号和 8 号电雷管，井下用的电雷管大多是 8 号电雷管。

第五节　发爆器及爆破网路检测仪器

一、发爆器、爆破网路检测仪器的构造和应用

（一）发爆器的构造和应用

发爆器是用于供给电爆网路起爆电能的工具，由导通测量、充电过压保护和主电路单元组成。发爆器的型号很多，但工作原理基本相同，是用干电池变流升压对主电容充电，然后对电爆网路放电引爆电雷管。

煤矿井下使用的防爆型发爆器具有体积小、质量轻、携带和操作方便、外壳防爆等特点，并且供电时间能自动控制在 4 ms 以内，4 ms 后即使网路炸断、线路裸露相碰，也不会产生火花，可用于有瓦斯或煤尘爆炸危险的工作面。下面以 MFBB 型和 FD 型发爆器为例加以说明。

1. MFBB 型发爆器

MFBB 型发爆器是在保留 MFB 型发爆器的一切功能并改进 FBB 型发爆器的基础上研制而成的。它由 MFB – 100 型隔爆网路安全闭锁式发爆器、本质安全型爆破测试器、本质安全型爆破用警示器、爆破母线及母线缠绕绞车、包箱、本质安全型发爆测量仪组成。其最大的特征是采用"控制模块"技术。MFBB 型发爆器外形如图 1 – 8 所示。

1）MFBB 型发爆器的特点

（1）采用快速接线端子及弹簧压紧结构。由于采用这种接线方式，接线简单可靠；端子保持清洁，减少了接触电阻。特别是由于发爆器具有闭锁功能，不能用接线端子短路做母线打火或导通试验，从而有效防止发爆器火花引起的瓦斯燃烧和爆炸事故。

（2）具有控制模块网路闭锁功能。当母线产生虚接、短路或断路等接触故障时，控制模块就切断储能电容器的充电回路，不能充电，发爆器不能工作，从而避免发爆前火花、丢炮和由于电源、连线等原因产生的拒爆。

（3）具有控制模块无级自动换挡功能和恒输出引燃冲量特性。随着负载发数的增减，储能电容器前充电电压与发数成比例增减，发数每增减一个数值，都

图 1 - 8　MFBB 型发爆器外形

有所对应的稳定电压值。因此，发爆器向网路输送的电能与负载相适应，从而避免了"大马拉小车"引起的高温火花和丢炮等不安全因素。

（4）供电时间为 4 ms。供电时间达到国家标准规定，能可靠地防止爆后火花。

2）MFBB 型发爆器的使用条件和技术特征

MFBB 型发爆器适用于有瓦斯或煤尘爆炸危险的采掘工作面，供引爆串联电雷管使用。MFBB - 100 型发爆器的技术特征见表 1 - 5。

表 1 - 5　MFBB - 100 型发爆器的技术特征

项　　目	内　　容
起爆能力/发	100
电压峰值/V	1800
输出引燃冲量/（$A^2 \cdot ms^{-1}$）	≥8.7
供电时间/ms	≤4
附加功能	控制模板具有无级自动换挡、恒输出冲量及网路闭锁等功能
充电时间/s	≤20
电源	4.5 V、R - 20 型干电池 3 节串联
外形尺寸/（mm × mm × mm）	220 × 153 × 54
质量/kg	≤2

2. FD 型发爆器

FD100Z/200Z 网路电阻测试数显发爆器是根据《煤矿安全规程》有关规定要求，并按照《爆炸性环境 第 1 部分：设备 通用要求》（GB 3836.1—2010）的要求设计生产的。该仪器采用三位半高精度高亮度 LED 数码显示，在井下显示清楚、测试准确、性能稳定、抗振动、功耗小、操作简单。其外形如图 1 – 9 所示。

图 1 – 9　FD 型发爆器外形

1）FD 型发爆器的使用条件

FD 型发爆器可在有瓦斯（甲烷）及煤尘爆炸危险的矿井，温度为 – 20 ~ 40 ℃，相对湿度为 98% 的作业环境中安全起爆电雷管。

2）FD 型发爆器的技术特征

FD100Z/200Z 型发爆器的技术特征见表 1 – 6。

表 1 – 6　FD100Z/200Z 型发爆器的技术特征

型号	FD100Z	FD200Z
起爆能力/发	100	200
允许最大负载电阻/Ω	620	1220
输出引燃冲量/($A^2 \cdot ms^{-1}$)	≥8.7	≥8.7
供电时间/ms	≤4	≤4
数显测试电流/mA	≤10	≤10

表 1-6（续）

型号	FD100Z	FD200Z
充电时间/s	≤20	≤20
电源/V	6	6
外形尺寸/（mm×mm×mm）	215×160×60	215×160×60
质量/kg	1.5	1.5

（二）发爆器的检查、使用和保管

1. MFBB 型发爆器

1）MFBB 型发爆器的检查、使用

（1）入井前先在地面把电池装入发爆器内，并拧紧固定螺丝使其密封防爆。

（2）取下防尘帽，用专用钥匙插入开关内，将开关转到充电位置。

（3）在地面检查发爆器时，将接线端子两端连接在发爆器参数仪的输入端子上，在额定负荷电阻范围内，发爆器应正常充电，红灯亮。

（4）如果绿灯亮，表示网路连接不好或短路，此时发爆器不能进行充电；如果红灯亮，表示网路电阻在规定的负载电阻范围内，发爆器开始充电；充电到红、绿灯交替闪烁时，表示充电完毕，可以迅速将开关扭到"放电"位置引爆电雷管。

2）MFBB 型发爆器的检查、使用和保管注意事项

（1）爆破前要检查爆破母线，若有中间接头一定要接好，并用胶布包扎牢固，用万用表测母线电阻不得大于 15 Ω，要防止因接头锈蚀增大母线电阻，使网路超限而闭锁。

（2）发爆器发生故障时，不论其程度如何，严禁在煤矿井下检修，应交专门维修部门由专业人员检修。

（3）红、绿灯不交替闪烁时，不准爆破。

2. FD 型发爆器

1）FD 型发爆器的检查、使用

发爆器外壳是用高强度酚醛玻璃丝塑料热压制造而成的。壳体上面有爆破接线柱、网路电阻测试端子、数字显示窗、充电指示灯、爆破指示灯、操作钥匙插口。

（1）测试。把发爆器后盖打开（注意保护隔爆面），把四节碱性高性能、质量好的 1 号电池按正负极位置正确装好。装好电池，盖上后盖，拧紧螺丝，显示

数字正常显示"1"，让两测试接线端子短路显示"000"，方为电路正常。

以上工作必须在地面完成，入井前要对测试功能和爆破功能进行检测，必须符合标准（可用 WYFCC－6 型发爆器参数测量仪进行测试），否则不准下井爆破。

（2）充电爆破。爆破网路测试合格后，将爆破网路的两根母线从测试端子上拆下并将发爆器水平翻转，使钥匙孔面水平向上，再把两个母线接头接到钥匙孔面的爆破接线柱上，把钥匙开关转到"充电"位置，此时充电指示灯亮，经 10～20 s 后爆破指示灯闪亮，表明主电容已达到额定电压。这时快速把钥匙开关转到"放炮"位置进行起爆。爆破工序完成后取出钥匙，戴上防尘帽并保管好。

2）网路电阻测试操作方法

数显检测功能是用集成电路 LED 数码显示检测爆破网路总电阻值，检测电雷管及爆破母线电阻值。其操作方法如下：

（1）新仪器使用前，把仪器后盖打开，把四节碱性高性能电池接至电板位置正确装好，盖上后盖，拧紧螺丝，显示窗数码管"左边"显示"1"，让显示窗两侧两接线端子短路，数码管显示"000"说明电池已装好，电路正常。以上工作必须在地面完成。

（2）现场使用时，把仪器有显示窗的一面，水平向上放好，若测单支电雷管电阻时，可直接把电雷管的两根脚线接到测试端子的连线上，待显示窗显示数字稳定时，读数即为被测电雷管的电阻值。

（3）测电爆网路全电阻值时，先测出爆破母线的电阻值，再把连接好的电爆网路接到爆破母线上，把爆破母线的另两个接头接到测试端子上，显示窗立刻显示被测电爆网路的全电阻值，待显示数字稳定后，读数即为被测电爆网路的全电阻值。

3）FD 型发爆器的使用和保管注意事项

（1）在发爆器初次使用或长时间存放再用时，在没下井使用前应不接电雷管先重复充放电几次以检查和恢复主电容性能。

（2）发爆器的维修必须在地面进行，严禁碰伤各防爆面，长期不用时应取出电池，发爆器应在清洁、干燥、无硫化物及无毒物处存放并有专人保管。

（3）严禁在井下打开维修，严禁在井下做短路打火试验。

（4）电池单只短路电流应不低于 2.5 A，不得用其他电池代用。

（5）爆破母线应采用标准的专用爆破母线或铜芯线，单条母线 200 m 长的电阻值应小于 20 Ω。

（6）爆破母线必须与接线柱接牢固（充电前爆破场地人员必须撤离现场，

才允许充电爆破）确保不打火花，安全爆破。

（7）爆破母线如有接头必须错开连接，并用防水胶布包实，各电雷管接头严禁接地，以免消耗电流出现拒爆。

（8）电雷管之间的连接脚线如需加长，必须用双条线连接，否则电雷管偏流会造成个别拒爆。爆破网路必须采用串联连接法。

（9）爆破时严禁用手触摸发爆器接线端子（接线端子是指网路测试两个端子和爆破接线两个端子）。

（10）发爆器存放不用时，应采取挂放和数显面朝下两种放置方式，以防漏电耗电。

3. 发爆器常见异常及对安全爆破的影响

（1）发爆器有裂缝或螺丝未紧固。由于碰摔发爆器使其出现裂缝或螺丝未紧固等现象，通电时，就有可能产生电火花并从裂缝中喷出，使壳外的瓦斯发生燃烧或爆炸。

（2）发爆器开关失灵。开关失灵时，发爆器开关处于"放电"位置而其内部却进行充电，容易损坏发爆器；而当处于充电状态时，使网路通过电流，导致早爆，发生崩人事故。

（3）发爆器接线柱锈蚀、滑丝。出现这种情况时，爆破母线与发爆器往往接触不良，导致网路电阻过大，产生拒爆，或发生打火现象，引爆瓦斯。

（4）氖气灯不亮。氖气灯不亮时，爆破工无法确定发爆器充电是否正常，能否达到起爆要求。

（5）发爆器内部由于受潮或其他原因，造成窜电、漏电。特别是有导通器的发爆器，往往在导通时就发生爆炸，容易引起早爆或电伤爆破工。

（6）主电解电容被击穿，无法使电压、电流升到正常值，导致输出电能不足，造成网路内的电雷管部分或全部拒爆。

（7）发爆器输出电能过小或充电时间过长。这时很容易使网路上的电雷管通过电量不足，造成网路部分或全部拒爆。

4. 发爆器的发放、使用和保管要求

（1）发爆器必须统一管理、发放。

（2）应按照爆破网路总电阻和等效平均电流选择发爆器，以免发生丢漏炮。

（3）定期使用发爆器参数测试仪对发爆器进行检查，发现有破损或发爆能力不足时，应立即更换。

（4）下井前应检查发爆器外壳固定螺丝、接线柱、防尘小盖等部件是否完整，以及毫秒开关是否灵活。

（5）发爆器钥匙由爆破工保管，不得转交他人。

（6）发爆器如果发生故障，应及时送到井上由专人修理，不得在井下自行拆开修理发爆器。

二、爆破网路检测仪器的构造和应用

（一）爆破网路检测的作用

爆破网路检测仪器是用来对起爆前的电爆网路进行安全性检测的仪器。通过对电爆网路做全电阻检测，可以及时发现网路是否导通以及网路中的错连、漏连、短路、接地等现象，确定起爆网路所需的电流、电压，从而判断网路电雷管能否全部起爆，避免爆破时产生拒爆；也可以防止用发爆器通电后可能在电爆网路炸开瞬间产生的火花，或因网路连接线与爆破母线接头短路或接触不牢而在通电瞬间产生的电火花引发的瓦斯、煤尘爆炸。

（二）导通测试

1. 导通表的作用

导通测试用导通表。导通表又名测炮器，它是专门用来测量电雷管、爆破母线或电爆网路是否导通的仪表。量程为 10 mA，由 1.5 V 电池和一个 150 Ω 的电阻串联组成，可代替爆破电桥和欧姆表作导通检测。

光电导通表如图 1 - 10 所示。

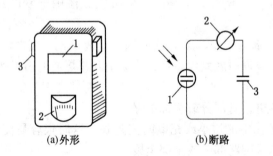

(a)外形　　　　　　(b)断路

1—硒光电池或硅光电池；2—检流表；3—金属片

图 1 - 10　光电导通表

2. 导通表的安全使用

光电导通表内部电源为硒光电池或硅光电池，在矿灯光或其他光线照射下，最高可产生 0.5 V 电压，无光线照射，则不产生电压。使用时，先用矿灯照射光电池，同时使被测物件的两端分别与导通表的两个金属片相碰，回路接通，检流

表指针转动，表示被测物件导通。

光电导通表结构简单，体小轻巧，操作方便，导通电流只有几十微安，可确保电雷管导通测量的绝对安全。但使用后必须避光存放，以免浪费电池。做电爆网路导通检查时，把爆破母线的两根导线分别搭在导通器的两个触点上，灯亮，则表示爆破网路通；灯不亮，则表示爆破网路断路。

需要指出的是，发爆器配有导通器，在正常情况下尽管电流、电压很小，但不能用来直接测定电雷管，以防发爆器的电流窜入导通器内，造成电雷管爆炸。

（三）电阻测试

1. 爆破网路全电阻检测的必要性

起爆电源的负荷由爆破母线电阻、连接线电阻、电雷管和电雷管脚线接头的接触电阻所构成，其电阻称为网路电阻。进行网路电阻计算，以选择起爆电源和核实网路电源是否达到电雷管群的准爆电流为基础，然后确定起爆网路所需要的电源电压。所以，爆破前必须对电爆网路做全电阻检测，从而判断网路中电雷管能否全部起爆。

在起爆操作前对电爆网路进行全电阻检查很有必要，因为网路中有时会出现电雷管间短路、电雷管脚线接头接地短路，以及电爆网路连接不合理或错连、漏连等现象，如果得不到及时改正，一方面会影响爆破效果，另一方面会增加拒爆数量。处理拒爆不但费工、费时，而且还会增加爆破事故发生的机会。另外，起爆操作时，有时还会出现拒爆现象。

2. 爆破线路电桥

爆破线路电桥是用来检查和测量电雷管及电爆网路的通断和电阻的仪表。这种电桥测量电阻的范围是 0.2 ~ 50 Ω，质量为 1.5 kg，工作电流远小于电雷管的安全电流，因此是安全的。目前多使用 205 - 1 型，它为防爆专用仪表，可在煤矿井下使用，其外形如图 1 - 11 所示。

检测时，先把电雷管脚线或电爆网路的母线接在电桥的两个接线柱上，使转换开关指向"电雷管"或"网路"，再用手指压下按钮，同时旋转分划盘，若检流表的指针不动，则说明电雷管或网路不通；若检流表的指针摆动，

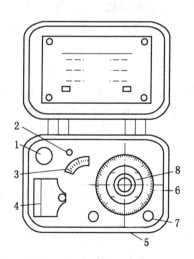

1—转换开关；2—调整钮；3—检流表；
4—电池室；5—外壳；6—分划盘；
7—接线柱；8—按钮

图 1 - 11 205 - 1 型爆破线路电桥

则说明电雷管或网路导通；当检流表指针居中时，即可松开按钮，此时指针所指分划盘上的读数，即为被测的电雷管或电爆网路的电阻值。

爆破前，可使用线路电桥仪对电爆网路做全电阻检测，测量时的工作电流都不得超过电雷管的安全电流（50 mA）。

爆破母线与起爆电源或发爆器连接之前，必须测量全线路的总电阻值。总电阻值应与实际计算值相符合（允许误差 ±5%）；如不相符合，禁止连线，并立即排除爆破网路的电阻故障。

第六节　爆炸物品管理

爆炸物品是易爆易燃危险品，对煤矿爆炸物品的安全管理与使用是煤矿安全工作的重要组成部分，不但涉及煤矿自身安全，而且对社会治安稳定也有着十分重要的影响。

一、爆炸物品的贮存、领取、运输及暂存管理有关规定和安全注意事项

（一）爆炸物品贮存的有关规定及安全注意事项

（1）《煤矿安全规程》第三百二十六条　爆炸物品的贮存，永久性地面爆炸物品库建筑结构（包括永久性埋入式库房）及各种防护措施，总库区的内、外部安全距离等，必须遵守国家有关规定。

井上、下接触爆炸物品的人员，必须穿棉布或者抗静电衣服。

（2）《煤矿安全规程》第三百二十七条　建有爆炸物品制造厂的矿区总库，所有库房贮存各种炸药的总容量不得超过该厂 1 个月生产量，雷管的总容量不得超过 3 个月生产量。没有爆炸物品制造厂的矿区总库，所有库房贮存各种炸药的总容量不得超过由该库所供应的矿井 2 个月的计划需要量，雷管的总容量不得超过 6 个月的计划需要量。单个库房的最大容量：炸药不得超过 200 t，雷管不得超过 500 万发。

地面分库所有库房贮存爆炸物品的总容量：炸药不得超过 75 t，雷管不得超过 25 万发。单个库房的炸药最大容量不得超过 25 t。地面分库贮存各种爆炸物品的数量，不得超过由该库所供应矿井 3 个月的计划需要量。

【案例】2005 年 11 月 8 日凌晨，丁某为泄私愤引爆了新疆维吾尔自治区某煤矿生活区存放的 510 kg 炸药，共造成 14 人死亡，24 人受伤。原因是保管员未按规定在专用仓库中保存炸药，而将其违规存放于生活区。

（3）《煤矿安全规程》第三百二十九条　各种爆炸物品的每一品种都应当专

库贮存；当条件限制时，按国家有关同库贮存的规定贮存。

存放爆炸物品的木架每格只准放 1 层爆炸物品箱。

（4）《煤矿安全规程》第三百三十一条　井下爆炸物品库应当采用硐室式、壁槽式或者含壁槽的硐室式。

爆炸物品必须贮存在硐室或者壁槽内，硐室之间或者壁槽之间的距离，必须符合爆炸物品安全距离的规定。

井下爆炸物品库应当包括库房、辅助硐室和通向库房的巷道。辅助硐室中，应当有检查电雷管全电阻、发放炸药以及保存爆破工空爆炸物品箱等的专用硐室。

（5）《煤矿安全规程》第三百三十二条　井下爆炸物品库的布置必须符合下列要求：

①库房距井筒、井底车场、主要运输巷道、主要硐室以及影响全矿井或者一翼通风的风门的法线距离：硐室式不得小于 100 m，壁槽式不得小于 60 m。

②库房距行人巷道的法线距离：硐室式不得小于 35 m，壁槽式不得小于 20 m。

③库房距地面或者上下巷道的法线距离：硐室式不得小于 30 m，壁槽式不得小于 15 m。

④库房与外部巷道之间，必须用 3 条相互垂直的连通巷道相连。连通巷道的相交处必须延长 2 m，断面积不得小于 4 m²，在连通巷道尽头还必须设置缓冲砂箱隔墙，不得将连通巷道的延长段兼作辅助硐室使用。库房两端的通道与库房连接处必须设置齿形阻波墙。

⑤每个爆炸物品库房必须有 2 个出口，一个出口供发放爆炸物品及行人，出口的一端必须装有能自动关闭的抗冲击波活门；另一出口布置在爆炸物品库回风侧，可以铺设轨道运送爆炸物品，该出口与库房连接处必须装有 1 道常闭的抗冲击波密闭门。

⑥库房地面必须高于外部巷道的地面，库房和通道应当设置水沟。

⑦贮存爆炸物品的各硐室、壁槽的间距应当大于殉爆安全距离。

（6）《煤矿安全规程》第三百三十三条　井下爆炸物品库必须采用砌碹或者用非金属不燃性材料支护，不得渗漏水，并采取防潮措施。爆炸物品库出口两侧的巷道，必须采用砌碹或者用不燃性材料支护，支护长度不得小于 5 m。库房必须备有足够数量的消防器材。

（7）《煤矿安全规程》第三百三十四条　井下爆炸物品库的最大贮存量，不得超过矿井 3 天的炸药需要量和 10 天的电雷管需要量。

井下爆炸物品库的炸药和电雷管必须分开贮存。

每个硐室贮存的炸药量不得超过 2 t，电雷管不得超过 10 天的需要量；每个壁槽贮存的炸药量不得超过 400 kg，电雷管不得超过 2 天的需要量。

库房的发放爆炸物品硐室允许存放当班待发的炸药，最大存放量不得超过 3 箱。

(8)《煤矿安全规程》第三百三十五条　在多水平生产的矿井、井下爆炸物品库距爆破工作地点超过 2.5 km 的矿井以及井下不设置爆炸物品库的矿井内，可以设爆炸物品发放硐室，并必须遵守下列规定：

①发放硐室必须设在独立通风的专用巷道内，距使用的巷道法线距离不得小于 25 m。

②发放硐室爆炸物品的贮存量不得超过 1 天的需要量，其中炸药量不得超过 400 kg。

③炸药和电雷管必须分开贮存，并用不小于 240 mm 厚的砖墙或者混凝土墙隔开。

④发放硐室应当有单独的发放间，发放硐室出口处必须设 1 道能自动关闭的抗冲击波活门。

⑤建井期间的爆炸物品发放硐室必须有独立通风系统。必须制定预防爆炸物品爆炸的安全措施。

⑥管理制度必须与井下爆炸物品库相同。

(9)《煤矿安全规程》第三百三十六条　井下爆炸物品库必须采用矿用防爆型（矿用增安型除外）照明设备，照明线必须使用阻燃电缆，电压不得超过 127 V。严禁在贮存爆炸物品的硐室或者壁槽内安设照明设备。

不设固定式照明设备的爆炸物品库，可使用带绝缘套的矿灯。

任何人员不得携带矿灯进入井下爆炸物品库房内。库内照明设备或者线路发生故障时，检修人员可以在库房管理人员的监护下使用带绝缘套的矿灯进入库内工作。

(二) 领取爆炸物品时的安全注意事项

(1) 在井上和井下，爆破工接触爆炸物品时，必须穿棉布或抗静电的衣服。

(2) 爆破工携带"爆破资格证"和班组长签章的爆破工作指示单到爆炸物品库领取爆炸物品。

(3) 爆破工必须在爆炸物品库的发放硐室领取爆炸物品，不得携带矿灯进入库内，以防止矿灯引爆爆炸物品。

(4) 根据本班的生产计划、爆破工作量和消耗定额，提出申请爆炸物品的品种、规格和数量计划，填写爆破工作指示单，经班组长审批后签章。

（5）领取爆炸物品时，必须当面检查品种、规格和数量，并从外观上检查其质量。发现电雷管不导通、电阻过大、桥丝松动、管壳有裂缝或炸药变质等问题，及时调换。电雷管必须实行专人专号，不得借用、遗失或挪作他用。

（6）领取的爆炸物品必须符合国家规定质量标准和使用条件；井下爆破作业，必须使用煤矿许用炸药和煤矿许用电雷管。不得领用过期或变质的爆炸物品。不能使用的爆炸物品必须交回爆炸物品库。

（三）爆炸物品运输的有关规定

（1）《煤矿安全规程》第三百三十八条　在地面运输爆炸物品时，必须遵守《民用爆炸物品安全管理条例》以及有关标准规定。

（2）《煤矿安全规程》第三百三十九条　在井筒内运送爆炸物品时，应当遵守下列规定：

①电雷管和炸药必须分开运送；但在开凿或者延深井筒时，符合本规程第三百四十五条规定的，不受此限。

②必须事先通知绞车司机和井上、下把钩工。

③运送电雷管时，罐笼内只准放置1层爆炸物品箱，不得滑动。运送炸药时，爆炸物品箱堆放的高度不得超过罐笼高度的2/3。采用将装有炸药或者电雷管的车辆直接推入罐笼内的方式运送时，车辆必须符合本规程第三百四十条（二）的规定。使用吊桶运送爆炸物品时，必须使用专用箱。

④在装有爆炸物品的罐笼或者吊桶内，除爆破工或者护送人员外，不得有其他人员。

⑤罐笼升降速度，运送电雷管时，不得超过2 m/s；运送其他类爆炸物品时，不得超过4 m/s。吊桶升降速度，不论运送何种爆炸物品，都不得超过1 m/s。司机在启动和停绞车时，应当保证罐笼或者吊桶不震动。

⑥在交接班、人员上下井的时间内，严禁运送爆炸物品。

⑦禁止将爆炸物品存放在井口房、井底车场或者其他巷道内。

（3）《煤矿安全规程》第三百四十条　井下用机车运送爆炸物品时，应当遵守下列规定：

①炸药和电雷管在同一列车内运输时，装有炸药与装有电雷管的车辆之间，以及装有炸药或者电雷管的车辆与机车之间，必须用空车分别隔开，隔开长度不得小于3 m。

②电雷管必须装在专用的、带盖的、有木质隔板的车厢内，车厢内部应当铺有胶皮或者麻袋等软质垫层，并只准放置1层爆炸物品箱。炸药箱可以装在矿车

内，但堆放高度不得超过矿车上缘。运输炸药、电雷管的矿车或者车厢必须有专门的警示标识。

③爆炸物品必须由井下爆炸物品库负责人或者经过专门培训的人员专人护送。跟车工、护送人员和装卸人员应当坐在尾车内，严禁其他人员乘车。

④列车的行驶速度不得超过 2 m/s。

⑤装有爆炸物品的列车不得同时运送其他物品。

井下采用无轨胶轮车运送爆炸物品时，应当按照民用爆炸物品运输管理有关规定执行。

（4）《煤矿安全规程》第三百四十一条　水平巷道和倾斜巷道内有可靠的信号装置时，可以用钢丝绳牵引的车辆运送爆炸物品，炸药和电雷管必须分开运输，运输速度不得超过 1 m/s。运输电雷管的车辆必须加盖、加垫，车厢内以软质垫物塞紧，防止震动和撞击。

严禁用刮板输送机、带式输送机等运输爆炸物品。

（5）《煤矿安全规程》第三百四十二条　由爆炸物品库直接向工作地点用人力运送爆炸物品时，应当遵守下列规定：

①电雷管必须由爆破工亲自运送，炸药应当由爆破工或者在爆破工监护下运送。

②爆炸物品必须装在耐压和抗撞冲、防震、防静电的非金属容器内，不得将电雷管和炸药混装。严禁将爆炸物品装在衣袋内。领到爆炸物品后，应当直接送到工作地点，严禁中途逗留。

③携带爆炸物品上、下井时，在每层罐笼内搭乘的携带爆炸物品的人员不得超过 4 人，其他人员不得同罐上下。

④在交接班、人员上下井的时间内，严禁携带爆炸物品人员沿井筒上下。

（四）爆炸物品暂存的安全注意事项

爆破工按规定领取爆炸物品后，应直达工作地点，如确需暂时存放，必须遵守以下安全注意事项：

（1）必须将专用爆炸物品箱加锁存放在离工作地点 50 m 以外的安全地点。

（2）暂时存放地点顶板支护必须完好，防冒落造成危险。

（3）必须分类存放，严禁与发爆器和爆破母线混放。

（4）严禁与电气设备和杂物存放在一起。

【案例】2014 年 1 月 6 日，四川广安某煤矿发生爆炸物品爆炸事故。原因是爆炸物品存放工具和位置不合理，支护钢梁垮塌砸响雷管，殉爆炸药，引起该掘进工作面积聚的瓦斯参与爆炸，造成 4 人死亡，直接经济损失 430 万元。

二、爆炸物品的现场使用、余量回收、上交及销毁的有关规定和方法

（一）《煤矿安全规程》对爆炸物品的现场使用、余量回收、上交及销毁的有关规定

（1）《煤矿安全规程》第三百三十七条 煤矿企业必须建立爆炸物品领退制度和爆炸物品丢失处理办法。

电雷管（包括清退入库的电雷管）在发给爆破工前，必须用电雷管检测仪逐个测试电阻值，并将脚线扭结成短路。

发放的爆炸物品必须是有效期内的合格产品，并且雷管应当严格按同一厂家和同一品种进行发放。

爆炸物品的销毁，必须遵守《民用爆炸物品安全管理条例》。

（2）《煤矿安全规程》第三百四十九条 不得使用过期或者变质的爆炸物品。不能使用的爆炸物品必须交回爆炸物品库。

（3）《煤矿安全规程》第三百五十条 井下爆破作业，必须使用煤矿许用炸药和煤矿许用电雷管。一次爆破必须使用同一厂家、同一品种的煤矿许用炸药和电雷管。煤矿许用炸药的选用必须遵守下列规定：

①低瓦斯矿井的岩石掘进工作面，使用安全等级不低于一级的煤矿许用炸药。

②低瓦斯矿井的煤层采掘工作面、半煤岩掘进工作面，使用安全等级不低于二级的煤矿许用炸药。

③高瓦斯矿井，使用安全等级不低于三级的煤矿许用炸药。

④突出矿井，使用安全等级不低于三级的煤矿许用含水炸药。

在采掘工作面，必须使用煤矿许用瞬发电雷管、煤矿许用毫秒延期电雷管或者煤矿许用数码电雷管。使用煤矿许用毫秒延期电雷管时，最后一段的延期时间不得超过 130 ms。使用煤矿许用数码电雷管时，一次起爆总时间差不得超过 130 ms，并应当与专用起爆器配套使用。

（4）《煤矿安全规程》第三百五十一条 在有瓦斯或者煤尘爆炸危险的采掘工作面，应当采用毫秒爆破。在掘进工作面应当全断面一次起爆，不能全断面一次起爆的，必须采取安全措施。在采煤工作面可分组装药，但一组装药必须一次起爆。

严禁在 1 个采煤工作面使用 2 台发爆器同时进行爆破。

（二）爆炸物品现场使用的有关要求

（1）炸药。煤矿井下爆破作业，必须使用符合相应安全等级的煤矿许用炸

药。

（2）雷管。必须使用煤矿许用电雷管。

（3）发爆器。必须统一管理、发放，定期校验发爆器的各项性能参数，并进行防爆性能检查，不符合规定的严禁使用。

（三）爆炸物品余量回收的有关要求

（1）爆破工所领取的爆炸物品，不得遗失，不得转交他人，更不得擅自销毁、丢弃和挪作他用，发现遗失应立即报告班组长。

（2）爆破工在每次爆破后，应将爆破数、使用爆炸物品的品种及数量、爆破工作情况和爆破事故处理情况等，填报爆破记录。

（3）爆破完成后，必须将剩余的及不能使用的爆炸物品，包括拒爆、残炮收集起来，清点无误后，将本班爆破的炮数、爆炸物品使用数量及缴回数量等经班组长签章，缴回爆炸物品库，由发放人员签章。爆破指标三联单由爆破工、班组长及发放人员各保留一份备查。

（四）爆炸物品的销毁

对已报废的爆炸物品进行销毁，是维护安全的一项重要措施，也是爆炸物品管理和使用部门一项必不可少的重要工作。相关部门需要根据爆炸物品的性质不同进行细心研究，安全处理。

1. 对失效爆炸物品的处理

（1）凡被列入报废范围的爆炸物品，必须经主管部门和保管人员按照报废登记表册进行登记造册，阐明理由和原因，经有关部门联合鉴定，确认后方可准予销毁。

（2）报废的炸药和电雷管在销毁前，主管部门必须按照申请报废销毁单填写申请报告，申明报废销毁的品种、数量、原因、时间、地点、方法、操作人、负责人及相关的安全措施。

（3）报经有关部门审查核实，主管负责人签字同意，并与当地政府的公安机关联系方可进行（如该单位不能处理，可报告上级公安部门，经与爆炸物品生产厂家联系后办理移交手续由厂家销毁）。每次销毁炸药数量不得超过 50 kg，电雷管不得超过 500 发，销毁爆炸物品的操作者，必须是经过培训的、持有合格证的人员，有关部门指派现场监护人、警戒人、负责人在场，所有参加人员逐一登记备查。

2. 销毁失效的爆炸物品的方法及注意事项

已报废爆炸物品的销毁方法可分为爆炸法、燃烧法、化学分解法和溶解法等，采取何种方法要依据爆炸物品的性质、地理环境和条件来确定。

1）使用爆炸法注意事项

爆炸法适用于尚未完全丧失爆炸性能的爆炸物品的销毁。

采用爆炸法销毁爆炸物品时，应对爆炸物品进行检查，凡具有爆炸性而且确信能够完全爆炸的，都可采用爆炸法销毁，但必须注意以下几点：

（1）遇有大雨雪和大风天气及夜间，不能采用爆炸法销毁炸药。

（2）销毁场边缘距周围建筑物的距离，不得小于 200 m，距公路、铁路等的距离不得小于 150 m。

（3）爆炸法销毁炸药时，最好利用电雷管引爆炸药，因为电力起爆比明火起爆安全。起爆电源最好利用发爆器，也可利用动力电源，但必须设有双重保险开关。工作人员必须撤到安全地点后，才能连接母线，准备爆破。

（4）采用火雷管起爆，引火管的导火索要有足够的长度，要能保证工作人员从容地撤到安全地点或掩蔽所里，一般导火索的长度不小于 5 m。敷设时要把导火索理直，并且敷设在被销毁爆炸物品的下风方向，导火索的上面要盖上适量泥土，使它不能卷曲，以防止导火索卷曲从中间烧透而缩短引火时间而引起早爆事故。

（5）一次销毁的炸药一般不超过 10 kg，安全距离应根据殉爆距离具体计算确定。一次销毁的炸药数量不得超过 20 kg，量大可以分批销毁。

（6）电雷管的销毁只允许用爆炸法。销毁前，先将电雷管脚线剪下，把管体集中包好放入土坑中，最后引爆销毁。每次销毁电雷管的数目不得超过 1000 发。

（7）炸药爆炸后，要认真检查，如发现有未爆的炸药，应该及时收集起来，再进行二次销毁，确实不能爆炸的，要改用其他方法销毁。

（8）采用爆炸法销毁爆炸物品时，要做好警戒工作，要在销毁人员和警戒人员取得联系确认无误后，才能点火引爆。

2）使用燃烧法注意事项

燃烧法适用于简单起爆不能导致爆轰，但在火焰冲能的点燃作用下，可缓慢平静燃烧（燃烧过程中局部可能发生轻微的爆炸声）的危险品的销毁。

燃烧法使用注意事项有：

（1）不能在雨雪天、大风天及夜晚采用此法销毁炸药。

（2）一次销毁的炸药量不超过 10 kg，如一次销毁的炸药量超过 10 kg，其安全距离要根据殉爆距离具体确定。一批次销毁的最大量不超过 200 kg。

（3）销毁地点距住宅、危险品、公路和建筑物的距离，一般为 400～500 m。

（4）销毁胶质炸药时，每次的销毁量不得超过 5 kg，药卷应摆放在干柴上成为一堆，彼此分开不能接触，否则可能引起爆炸。

（5）燃烧时火堆的火要旺盛，燃烧开始后不能向火堆添加可燃物。引燃用的导火索要有足够的长度，一般不小于 5 m。导火索敷设在火堆的下风方向。

（6）工作人员点燃导火索，应迅速撤到掩蔽所内。确信炸药已燃烧完毕，工作人员方准进入销毁现场进行检查。

（7）检查时应先用木锹拨开，检查是否有未燃烧的炸药，如有未燃烧的炸药要收集起来，重新进行销毁，只有确认销毁炸药的地点没有残留炸药，灰烬被清除干净且场地冷却之后，才能进行下一批炸药的销毁工作。

3）化学分解法

化学分解法适用于能被化学药品所分解从而失去燃烧或爆炸性能的危险品的销毁。

4）溶解法

溶解法适用于溶于水中之后随即失去燃烧与爆炸性能的危险品的销毁。

3. 销毁爆炸物品的安全措施

销毁爆炸物品时，除必须遵守《民用爆炸物品安全管理条例》的有关规定外，还必须遵守下列规定：

（1）经过检验，确认失效的及不符合技术条件要求或不符合国家标准的爆炸物品，都应进行销毁。

（2）严禁将应销毁的爆炸物品用于采掘生产、开山取石、炸鱼或狩猎等活动，并严禁出售或转让。

（3）煤业集团必须建立爆炸物品销毁场，场地应布置在有自然屏障的安全地段，并报当地公安机关批准，也可将爆炸物品的销毁工作交爆炸物品制造厂执行。

（4）销毁场不得设置待销毁的爆炸物品贮存库。销毁场应设置人身掩护体，也可设置销毁时所使用的点火件或起爆件的掩体。掩体应布置在销毁作业场地的常年主导风向的上风方向。掩体出入口应背向销毁作业场地，掩体距作业场地边缘的距离不得小于 50 m，掩体之间的距离不得小于 30 m。

（5）销毁场应设置围墙，其材料可根据当地情况选定。围墙距作业场地边缘的距离不应小于 50 m。

（6）要销毁的爆炸物品，必须由爆炸物品仓库登记造册，并编制书面报告，报矿长批准。经过批准的报告，必须抄送往矿安全监察部门及当地公安机关或经公安机关同意审查此项工作的企业保卫部门，销毁工作的安全技术措施应报矿总工程师批准。

（7）销毁爆炸物品必须在常用的销毁场地进行，销毁场地及其附近地面，不得有石块和含有块状物的土壤。销毁前，先应清理场地的易燃物、杂草等。

（8）采用爆炸法、燃烧法、化学分解法、溶解法之中的何种方法销毁，应根据销毁炸药的性质、情况而定。

（9）采用爆炸法销毁时，一次最大销毁量不得超过 2 kg。采用燃烧法销毁时，一批次最大销毁量不得超过 200 kg。

（10）采用爆炸法或烧毁法时，销毁场边缘距周围建筑物的距离，不得小于 200 m，距公路、铁路等的距离不得小于 150 m。

（11）销毁电雷管时，必须将脚线剪下，电雷管放入包装盒内埋入土中，不得销毁无任何包装的电雷管。

（12）销毁爆炸物品时，必须会同公安、安全监察部门的工作人员共同进行。销毁时应按规定距离做好警戒，除销毁人员外其他无关人员一律不得进入工作区。销毁人员和警戒人员取得联系后方准点火引爆。

（13）不得在夜间及雨、雪、大风天销毁爆炸物品。

三、防止爆炸物品散失的措施

爆炸物品的管理工作一直是保障安全稳定的首要工作，也是煤矿井下安全工作的管理重点。因此，必须理顺爆炸物品管理体制，强化爆炸物品管理，规范煤矿井下爆破工作，建立爆炸物品领退制度、电雷管编号制度和爆炸物品丢失处理办法，才能有效地防止爆炸物品流失。

1. 爆炸物品散失的危害

爆炸物品是易爆易燃危险品，如果散失，当未经培训的人员随意使用时，极易造成意外事故。

【案例 1】2002 年 6 月，某市两个小学生在放学路上捡到 1 发雷管，拿回家后，出于好奇，用电池试雷管，雷管突然发生爆炸，造成两个小学生眼部严重受伤，给学生家人带来极大的痛苦。

另外，爆炸物品的爆炸威力很大，具有很大的破坏性，一旦落入别有用心的人手中，进行违法犯罪活动，将使国家财产遭受严重损失，甚至造成重大人员伤亡。

【案例 2】2001 年 3 月 16 日，某市发生一起特大爆炸案件，正是由于对爆炸物品管理不严，使犯罪分子很容易得到爆炸物品，并实施犯罪，最终造成 108 人死亡，38 人受伤。

【案例 3】2005 年 1 月 20 日，犯罪嫌疑人白某为泄私愤报复社会，在通往新疆维吾尔自治区独山子的中巴车上引爆炸药，导致 11 人死亡，7 人受伤。

血的教训使人们认识到依法管理好爆炸物品，是关系到公民生命安全和保持社会稳定的大事。因此，爆破工在工作中应严格按章操作，严防丢失爆炸物品，一旦丢失，应立即报告班组长，并认真查找。

2. 防止爆炸物品散失的防范措施

（1）进行安全生产方针教育，把防止爆炸物品散失作为爆破工落实安全生产责任制的一项具体内容。

（2）进行岗位责任教育，使爆破工懂得不执行规定，就是违反《煤矿安全规程》，就是失职。

（3）进行法制教育，使爆破工学习法律知识，要懂得因散失爆炸物品造成严重后果者即构成犯罪，将会受到法律制裁。

（4）严格执行爆炸物品领退制度。

（5）严格执行电雷管编号制度，做到专人专号，不得错领。

（6）严格遵守爆炸物品丢失处理办法，执行奖惩和丢失报告制度。

3. 爆炸物品丢失处理办法

（1）贮存爆炸物品的仓库、贮存室，发现自己保管、使用的爆炸物品丢失或者被他人盗走时，应及时报告所在地公安机关。

（2）生产厂矿发现自己保管、使用的爆炸物品丢失，或者被他人盗走时，应及时报告本单位保卫部门。

（3）工作中发生拒爆现象时，爆破工必须按《煤矿安全规程》的规定进行处理。收集未爆的电雷管，必须于当班交回爆炸物品库。

（4）爆炸物品管理工收到爆破工交回的废雷管后，必须逐发登记废雷管编号、数量及爆破工姓名。

（5）如有未收集的废雷管，爆破工必须于当班向爆炸物品库管理人员汇报遗失的雷管编号及数量，管理人员对此作详细记录。

（6）选煤及运销单位要指定专人负责收缴废雷管，利用专用木箱加锁存放，并予以登记，定期按规定程序销毁。

（7）任何人在任何地点，捡到炸药、雷管均应及时交给保卫部门或交给被指定负责收缴电雷管的人员，不得擅自保存或转送他人及作私用、变卖。

四、静电、杂散电流对爆炸物品的影响

（一）静电的危害及防治

1. 静电的产生

静电是物体与物体之间，特别是高绝缘体之间互相摩擦、接触、分离时所产生的无源电。物体绝缘程度越高，产生的静电电位越高；空气越干燥，产生的静电电位越高；互相摩擦物体之间的接触频率越高，产生的静电电位越高。

在煤矿井下，通风、排水、压风、抽放瓦斯、注浆等管路系统、带式输送机的托辊及塑料制品，由于风、水、气等物质与管路壁之间摩擦产生电荷，这些电荷不能泄漏时，积聚其表面就产生了静电。

2. 静电的危害

静电的危害是多方面的，其最大危害是静电放电火花可引起火灾和爆炸事故。

当使用高绝缘的普通塑料管输送压风时，能产生 10 kV 以上的静电；当带式输送机使用塑料托辊时，可以产生高达 15 kV 的静电；如果在井上的干燥地点，所产生的静电比上述静电还要高。化纤衣服绝缘电阻大，当它与人体或衣料之间发生摩擦时，产生的静电电位可以达到 10 ~ 50 kV，且不易流失。经测试，电雷管的耐静电电位为 10 ~ 30 kV，如果穿化纤衣服接触电雷管，一旦放电，放电火花就有引爆电雷管的可能。

此外，化纤衣服容易着火，着火后又收缩很快，粘着皮肤燃烧很容易烧伤人体。

3. 防止静电的措施

1）限制和避免静电的产生和积聚

从生产工艺上采取相应措施，限制和避免静电的产生和积聚。例如，控制流速，减少摩擦；也可以采取加入抗静电剂，使材料电阻率下降等措施。

2）接地泄漏

这是消除静电最常用的主要方法。此外，在条件允许的情况下，适当增加环境湿度和装置静电消除器，也可以消除静电积聚。操作人员在接触静电带电体时，应穿戴防静电的工作服、手套和工作鞋，以消除人体所带静电。

3）爆破时防止静电的措施

为了避免静电引起爆炸事故，接触爆炸物品的人员应穿棉布或抗静电衣服，严禁穿化纤衣服；爆破网路的接头应避免与风筒、塑料管路等接触；爆破母线、电雷管脚线在连线前必须短路。

（二）杂散电流及危害

1. 杂散电流的产生

杂散电流主要来源于直流电流漏电（如电机车牵引网路漏电）、动力和照明交流电流漏电、大地产生的自然电流、雷电感应电流和磁辐射感应电流等。而以水管路和轨道的杂散电流最大。

电机车牵引网路引起的杂散电流和动力、照明漏电造成的杂散电流，都可以通过沿井巷的导电体。该杂散电流一旦与潮湿的煤岩壁接触，可造成煤岩壁导电。

2. 杂散电流的危害

杂散电流对爆炸物品的运输、贮存和保管危害非常大。据测定，杂散电流在运输巷道中较高，这主要是由于此处的杂散电流是由电机车系统造成的，有时可达到 3~5 A，超过了电雷管的最小准爆电流，足以引起电雷管爆炸，造成重大事故；同时，因为杂散电流可以流入和大地接触的各种金属管路或铠装电缆金属外皮，在爆炸物品贮存、保管、运输过程中稍有不慎，与其碰撞和接触时，就有可能造成爆炸事故，威胁从业人员及矿井的安全。漏电电源的一相经爆破母线或脚线与之接触，就能发生意外事故，造成人员伤亡，影响正常生产。

3. 防治杂散电流的措施

要消除杂散电流的危害，首先要在产生杂散电流的根源上采取措施，如提高轨道接头质量，降低轨道接头电阻值，减小杂散电流值，对电气设备进行经常性检修，避免漏电现象的发生。此外，在爆炸物品的运输、贮存和保管工作中，还应采取以下措施：

（1）接触爆炸物品的有关人员，必须提高警惕，防止杂散电流可能带来的危害。

（2）在工作场所及其附近要对杂散电流进行经常性检测，其值不得超过50 mA 的安全电流值；同时，还应掌握工作场所杂散电流的分布规律，并采取针对性措施，防止杂散电流的产生和消除可能产生的杂散电流。

（3）防止杂散电流的侵入，运输、贮存爆炸物品的一切场所严禁照明、电气设备失爆和线路裸露等。

（4）爆炸物品库内严禁采用金属支护，并禁止有金属类东西表露于外。

第二章　煤矿井下安全爆破技术

第一节　起　爆　技　术

一、电爆网路的连接和检测技术

煤矿开采时，往往需要一次通电起爆若干个电雷管，这就需要预先将这些电雷管的脚线与脚线、脚线与爆破母线连接好，组成一个完整的爆破网路，使通电后每个电雷管都能获得足够的电流而爆炸。

由雷管脚线、爆破母线和电源，经过一定方式连接组成一个爆破网路。煤矿井下常用的爆破网路连线方式主要有串联、串并联两种方式，如图2-1所示。

（一）串联

串联是依次将相邻的两个电雷管的脚线各一根互相连接起来，最后将两端剩余的两根脚线接到母线上，再将母线接入电源。

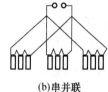

(a)串联　　　　(b)串并联

图2-1　爆破网路连线方式

串联接线方式，不易漏接或误接，速度快，便于检查，网路计算简单，通过网路的电流较少，适用于发爆器做电源，使用安全，在煤矿井下普遍使用。其缺点是，在串联网路中有一个电雷管不导通或在一处开路，全部电雷管将拒爆；在起爆电能不足的情况下，由于每个电雷管对电的敏感程度有差异，往往是较敏感的电雷管先爆，电路被切断，从而使不敏感的电雷管不能够起爆。因此，不同工厂、不同品种、不同批号（以下简称"三不同"）的电雷管不能混用。

串联电雷管群的准爆条件是：必须使通入网路的电流大于串联电雷管的最小准爆电流。

（二）串并联

先将电雷管分组，每组的电阻相等或接近相等，每组串联接线，各组剩余的两根脚线都分别接到爆破母线上。

在煤矿井下实际爆破作业中，应根据具体的爆破条件、电雷管用量和发爆器的起爆能力，决定采用哪种方式。一般巷道掘进，一次爆破的电雷管数较少，且用发爆器起爆，发出的电压高，电量有限，所以，多采用串联方式。在大断面掘进和立井井筒，一次引爆电雷管较多，可采用串并联方式。

确定连线方式后，为了可靠起爆，应先进行网路全电阻计算，在此基础上选择适当的发爆器。网路全电阻是爆破母线电阻、连接线电阻、电雷管和电雷管脚线接头的接触电阻所构成的电阻之和。不同连接方式的电爆网路电阻计算公式见表 2 - 1。

表 2 - 1　电爆网路电阻计算公式

电爆网路形式	电爆网路电阻		通过雷管的电流
	总电阻	分支电阻	
串联	$R_c = R_m + NR_d + (N-1)r$	—	$I = \dfrac{V}{R_c}$
串并联	$R_c = R_m + \dfrac{R_b}{m}$	$R_b = nR_d + (n-1)r$	$I^* = \dfrac{V}{mR_c}$
最优分支数	$m\sqrt{\dfrac{NR_d}{R_m}}$		

注：N—雷管总数，发；n—各分支电路内的雷管数，发；R_d—雷管电阻，Ω；m—分支数目，个；R_m—母线电阻，Ω；V—电源电压，V；r—区域线电阻，Ω；I—通过雷管的电流，A；R_c—电爆网路总电阻，Ω；I^*—最后一个雷管内的电流，A；R_b—分支电路电阻，Ω。

电爆网路连接完毕后，必须使用专门的导通仪对网路总电阻进行检测，并将实测电阻值与设计电阻值进行比较。一般情况下，网路总电阻误差不得超过设计总电阻的 ±5%，否则，说明爆破网路中有短路、漏连线或者漏电处。应对网路进行全面检查，直到电阻合格为止。另外，网路中经常由于电雷管脚线之间的短路和电雷管脚线接头接地短路，以及电爆网路连接不合理，或者有错连、漏连等现象而产生拒爆，为了确保一次连线全部起爆，必须进行爆破前网路导通检查。

使用导通表、电桥仪等检查电爆网路的全电阻。密封导通表的导通电流只有几十微安，均可确保电雷管导通测量时的绝对安全，爆破线路电桥仪测量电阻的范围是 0.2 ~ 50 Ω。工作电流远小于电雷管的安全电流，保证测量安全可靠。

（三）《煤矿安全规程》对电爆网路检测的有关规定

（1）《煤矿安全规程》第三百六十六条　每次爆破作业前，爆破工必须做电爆网路全电阻检测。严禁采用发爆器打火放电的方法检测电爆网路。

（2）《煤矿安全规程》第三百六十九条　爆破前，脚线的连接工作可由经过专门训练的班组长协助爆破工进行。爆破母线连接脚线、检查线路和通电工作，只准爆破工一人操作。

爆破前，班组长必须清点人数，确认无误后，方准下达起爆命令。

爆破工接到起爆命令后，必须先发出爆破警号，至少再等 5 s 后方可起爆。

装药的炮眼应当当班爆破完毕。特殊情况下，当班留有尚未爆破的已装药的炮眼时，当班爆破工必须在现场向下一班爆破工交接清楚。

二、电爆网路的起爆方法

使用起爆物品，并辅以一定的工艺方法引爆炸药的过程称为起爆。起爆所采用的工艺、操作和技术的总和称为起爆方法。爆破工程中所用的起爆方法主要分成两大类：一类是电力起爆法，另一类是非电力起爆法。在选用起爆方法时，要根据环境条件、炸药种类、爆破规模、技术经济效果、是否安全可靠，以及作业人员掌握起爆技术的熟练程度来确定。

煤矿井下使用的起爆方法是电力起爆。

利用电雷管通电后起爆产生的爆炸能量引爆炸药的方法称为电力起爆法。它是通过由电雷管、导线和起爆电源三部分组成的起爆网路来实施的。

1. 电力起爆法的优点

电力起爆法使用范围十分广泛，无论是露天或井下、小规模或大规模爆破，还是其他工程爆破中均可使用。它的优点如下：

（1）整个施工过程中，从挑选电雷管到连接起爆网路等所有工序，都能用仪表进行检查；并能按设计计算数据，及时发现施工和网路连接中的质量问题和错误，从而保证爆破的可靠性和准确性。

（2）能在安全隐蔽的地点远距离起爆药包群，使爆破工作在安全的条件下顺利进行。

（3）能准确地控制起爆时间和药包群之间的爆炸顺序，因而可保证良好的爆破效果。

（4）可同时起爆大量电雷管等爆炸物品。

2. 电力起爆法的缺点

（1）电力起爆准备工作量大，操作复杂，作业时间较长。

（2）需要可靠的电源和必要的仪表设备等。

（3）电爆网路的设计计算、敷设和连接要求较高，操作人员必须要有一定的技术水平。

（4）普通电雷管不具备抗杂散电流和抗静电的能力。所以，在有杂散电流的地点或露天爆破遇有雷电时，危险性较大，此时应避免使用普通电雷管。

3. 采用电力起爆法时的注意事项

电力起爆法对连线有严格要求，接头不牢会造成整条网路的电阻变化不定，因而难以判断网路电阻产生误差的原因和位置。为了保证有良好的接线质量，应注意以下几点：

（1）接线前，接线人员应先将手洗净擦干，刮净线头的氧化物、绝缘物，露出金属光泽，以保证线头接触良好；作业人员不准穿化纤衣服。

（2）接头牢固扭紧，线头应有较大接触面积。

（3）各个裸露接头彼此应相距足够距离，不允许相互接触，以免形成短路；为防止接头接触岩石、矿石或落入水中，可用绝缘胶布缠裹。

4. 《煤矿安全规程》对井下电力起爆的规定

（1）《煤矿安全规程》第三百六十五条　井下爆破必须使用发爆器。开凿或者延深通达地面的井筒时，无瓦斯的井底工作面中可使用其他电源起爆，但电压不得超过 380 V，并必须有电力起爆接线盒。

发爆器或者电力起爆接线盒必须采用矿用防爆型（矿用增安型除外）。

发爆器必须统一管理、发放。必须定期校验发爆器的各项性能参数，并进行防爆性能检查，不符合要求的严禁使用。

（2）《煤矿安全规程》第三百六十八条　发爆器的把手、钥匙或者电力起爆接线盒的钥匙，必须由爆破工随身携带，严禁转交他人。只有在爆破通电时，方可将把手或者钥匙插入发爆器或者电力起爆接线盒内。爆破后，必须立即将把手或者钥匙拔出，摘掉母线并扭结成短路。

5. 煤矿井下爆破使用发爆器、动力电源起爆时应注意的问题

煤矿井下爆破必须使用矿用防爆型发爆器，目前，大多数采用防爆型电容式发爆器。这种发爆器体积小、质量轻、外壳防爆。按照《煤矿用电容式发爆器》（GB 7958—2014）规定：在额定负载范围内发爆器的安全供电时间不大于 4 ms；或达到 4 ms 时，输出端子两端电压应降低到本质安全电路的规定值以下。另外，其防潮性能好，可在相对湿度 98% 的环境中使用。

开凿或者延深通达地面的井筒时，无瓦斯的井底工作面中可使用动力电源起爆，但电压不得超过 380 V，否则容易击穿线路或电雷管脚线，降低电雷管发火元件的可靠性，不能有效起爆。在用动力电源时，在地面安全地点必须设置电力起爆接线盒，即在动力电源与爆破网路之间设置中间开关，用电力起爆接线盒（图 2 - 2）。其目的在于避免直接用动力电源起爆，也防止非爆破工误操作提前起爆。

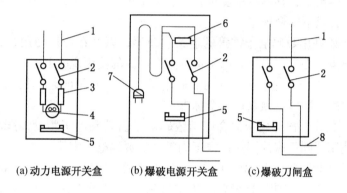

(a)动力电源开关盒　　(b)爆破电源开关盒　　(c)爆破刀闸盒

1—动力线；2—双刀双掷刀闸；3—保险丝；4—插座；5—短路杆；

6—指示灯；7—插头；8—爆破母线

图 2 - 2　电力起爆接线盒

用动力电源起爆时，爆破工按以下规定顺序操作：

先接通动力电源，再接通爆破电源，最后开锁、接通，爆破刀闸闭合起爆。发爆器或电力起爆接线盒必须采用矿用防爆型（矿用增安型除外）。

井下爆破严禁用动力电缆、照明线、信号线、电机车架空线等，或者用明闸直接与爆破母线"搭火"进行明电起爆。明电起爆一定会产生电火花，电火花不但极易引起火灾，还可能引起瓦斯、煤尘燃烧，甚至爆炸。

三、数码电子雷管起爆系统

近年来，随着电子信息时代的到来，电子芯片小型化技术逐渐成熟应用，数码电子雷管起爆系统作为一个全新的起爆系统进入爆炸物品行业。电子雷管具有延时精度高，段别任意设定，从而降低了爆破震动危害，提高了炸药使用效率，受到了爆破工程人员的高度重视并取得了快速发展。

数码电子雷管起爆系统由数码电子雷管网路、电子雷管专用起爆器和专用总控制器组成。

（一）煤矿许用数码电子雷管

煤矿许用数码电子雷管是一种可以设定并准确实现延期发火时间的新型智能雷管。其本质在于由微型电子芯片控制，取代了普通电雷管中的延期药与电点火元件，不仅提高了延时精度，而且控制了通往引火头的电源，从而最大限度地减少了因引火头能量需求所引起的误差。每只电子雷管的延时可以在 0～100 ms 按毫秒量级编程设定，其延时精度可控制在 0.2 ms 以内。煤矿许用数码电子雷管的使用应符合以下安全规定：

（1）煤矿许用数码电子雷管的连接、使用，以及在连接使用过程中应采取的安全预防措施必须严格执行电子雷管生产厂家的使用说明书。

（2）每家生产企业的煤矿许用数码电子雷管有专用的起爆控制器，必须配套使用。起爆控制器必须取得安全标志。

（3）严禁在一次爆破中混合使用数码电子雷管和电子雷管，严禁在一次爆破中混合使用不同厂家或同一厂家不同类型的数码电子雷管。

（4）使用煤矿许用数码电子雷管一次起爆总延期时间不得超过 130 ms。

（5）煤矿井下应使用预设置型煤矿许用数码电子雷管，延期段别一般不应超过 7 段。

（6）爆破网路连接接头应悬空，确保与地面或其他导体绝缘。

（7）应在爆破母线与起爆控制器连接前撤离现场作业人员。

（8）爆破母线与起爆控制器连接后，应用起爆控制器对电子雷管和网路进行检查，无误后，方可起爆。

（9）爆破后至少等待 30 min，方能返回工作面。

数码电子雷管是具有高可靠性、高精确性、高安全性，具有双线制双向无级性组网通信功能、雷管在线检测功能、长延期时间范围的新型高技术雷管产品。通过这些独有的创新技术，降低产品的生产成本，在提高电子雷管可靠性、安全性的同时简化电子雷管组网起爆时的操作复杂程度，降低爆破成本，实现精确控制爆破。

（二）电子雷管专用起爆器和专用总控制器

电子雷管专用起爆器、专用总控制器是实现数码电子雷管在线检测、组网通信的专用设备。起爆器可以单独使用，也可以与总控制器配套使用。一台起爆器可以连接 100 发电子雷管，形成一个单机爆破网路；一台总控制器可以组网连接多台（1～64 台）起爆器，形成具有多条爆破网路支线的电子雷管起爆网路，其最大组网爆破规模为 6400 发电子雷管，最大起爆距离为 5400 m，电子雷管距起爆器最大距离为 400 m，起爆器距总控制器最大距离为 5000 m。

在总控制器的控制下，通过起爆器可以实现对数码电子雷管精确、安全、可靠的起爆控制，可以检测每个起爆网路内的雷管数量、ID地址、延期时间，可以判断电子雷管的连接状态、连接可靠性等，实现精确、安全、可靠起爆。

数码电子雷管起爆系统适用于各种工程爆破，对大型网路爆破和高精度爆破工程，以及深孔爆破、水下爆破、硐室爆破等都具有良好的爆破效果。

第二节　井巷爆破技术

掘进工作面爆破工作和要求要做到"七不、二少、一高"。

"七不"是：①不发生爆破伤亡事故，不发生引燃、引爆瓦斯和煤尘事故；②巷道轮廓符合设计要求，工作面平、直、齐，中心腰线符合规定，不超挖欠挖；③不崩倒支架，防止冒顶事故；④不崩破顶板，不留伞檐，防止落石事故；⑤不留底根，便于装车、铺轨和支架；⑥不崩坏管线、设备；⑦不抛掷太远，不出大块，块度均匀，岩堆集中，有利于打眼与装岩平行作业和单行作业。

"二少"是：①减少爆破时间，做到全断面一次起爆；②材料消耗少，合理布置炮眼，装药量合理，减少震动。

"一高"是：炮眼利用率高，达到90%以上，达到循环进度。

一、钻孔爆破参数

目前井巷掘进施工主要有两种方法，一是综合机械化施工法，二是钻孔爆破法。尽管综合机械化施工法作业连续，机械化程度高，安全高效，但目前还没有完全解决刀具磨损快、寿命短的问题，故其使用范围受到一定限制。因此，钻孔爆破法仍是目前井巷掘进施工中主要使用的方法。

钻孔爆破是井巷掘进施工中的主要工序，其他工序都要围绕它进行有序安排。掘进爆破的主要任务是在保证安全的条件下，高速度、高质量地将岩体按规定的断面爆破下来，并尽可能不破坏井筒或巷道围岩。

（一）炮眼分类

在井巷开挖过程中，掘进工作面处于一个自由面的条件下，破碎岩石非常困难，为了改善爆破条件，掘进工作面中间少量炮眼先起爆后形成一个适当的空腔，使周围其余部分的岩石都按顺序向这个空腔方向崩落，以获得较好的爆破效果。这个空腔，通常称为掏槽。掏槽的好坏直接影响其他炮眼的爆破效果，它是井巷爆破掘进的关键。

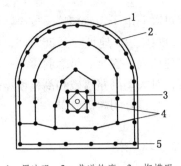

1—周边眼；2—巷道轮廓；3—掏槽眼；

4—崩落眼；5—底眼

图 2-3 平巷掘进炮眼布置图

按用途不同，掘进工作面的炮眼可分为 3 种，如图 2-3 所示。

（1）掏槽眼。掏槽眼，用于爆出新的自由面，为后续炮眼爆破创造有利的爆破条件，一般布置在掘进工作面中下部，最先起爆。掏槽眼应比其他炮眼超深 200~300 mm，装药量增加 15%~20%。

（2）崩落眼。崩落眼，也称为辅助眼，是破碎岩石的主要炮眼。它位于掏槽眼与周边眼之间。在掏槽眼之后起爆，能在掏槽眼爆破后平行于炮眼的自由面方向上形成较大体积的破碎漏斗，使自由面扩大，保证周边眼的爆破效果。

（3）周边眼。周边眼控制爆破后的巷道断面形状、大小和轮廓，使之符合设计要求。周边眼位于巷道四周，最后起爆。平巷和斜井的周边眼按其所在位置不同分为顶眼、帮眼和底眼。

（二）掏槽方式

掏槽眼布置有许多不同的形式，井巷掘进常用的掏槽方式，根据掏槽眼方向不同可分为斜眼掏槽和直眼掏槽两大类。

1. 斜眼掏槽

斜眼掏槽是目前井巷掘进中常见的掏槽方法，适用于各种岩石条件。斜眼掏槽的各掏槽眼与巷道中线不平行，而与掘进工作面在水平方向形成一定角度。

常用的斜眼掏槽方式有单向掏槽、锥形掏槽、楔形掏槽和扇形掏槽。其中，楔形掏槽使用范围比较广泛，适用于各类岩石和中等以上断面。

斜眼掏槽有多种形式，各种掏槽形式的选择主要取决于围岩地质条件和掘进工作面大小。常用的形式主要有以下几种：

（1）单向掏槽。单向掏槽由数个炮眼向同一方向倾斜组成。单向掏槽适用于中硬（$f<4$）以下具有层节理或软夹层的岩层，可以根据自然弱面赋存条件分别采用顶部掏槽、底部掏槽和侧向掏槽（图 2-4）。掏槽眼的角度可以根据岩石的可爆性，取 45°~65°，间距为 30~60 cm。掏槽眼应尽量同时起爆，效果更好。

（2）锥形掏槽。锥形掏槽由数个共同向中心倾斜的炮眼组成（图 2-5），爆破后槽腔呈角锥形。锥形掏槽适用于 $f>8$ 的坚韧岩石，掏槽效果较好，但钻眼困难，主要用于井筒掘进，其他巷道很少采用该掏槽形式。

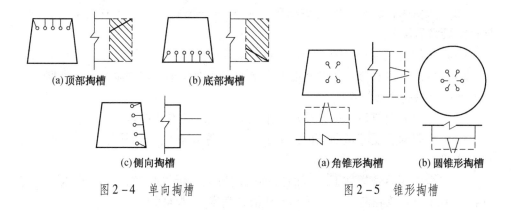

(a)顶部掏槽　　　　(b)底部掏槽

(c)侧向掏槽

图2-4　单向掏槽

(a)角锥形掏槽　　(b)圆锥形掏槽

图2-5　锥形掏槽

（3）楔形掏槽。楔形掏槽由数对（一般为2~4对）对称的相向倾斜的炮眼组成，爆破后形成楔形槽腔（图2-6）。楔形掏槽适用于各种岩层，特别是中硬以上的稳定岩层。这种掏槽方法的爆力比较集中，爆破效果较好，槽腔体积较大。掏槽炮眼底部两眼相距0.2~0.3 m，炮眼与工作面相交角度通常为60°~75°，水平楔形打眼比较困难，除非在岩层的层节理比较发育时才使用。岩石特别坚硬、难爆或眼深超过2 m时，可增加2~3对初始掏槽眼（图2-6c），形成双楔形。

（4）扇形掏槽。扇形掏槽各槽眼的角度和深度不同，主要适用于煤层、半煤岩或有软夹层的岩石（图2-7）。该掏槽形式需要多段延期电雷管顺序起爆各掏槽眼，逐渐加深槽腔。

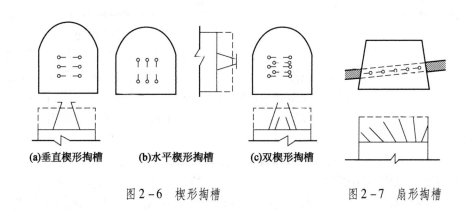

(a)垂直楔形掏槽　　(b)水平楔形掏槽　　(c)双楔形掏槽

图2-6　楔形掏槽

图2-7　扇形掏槽

斜眼掏槽的主要优点是：

（1）适用于各种岩层。

（2）掏槽体积较大，能将掏槽眼内的岩石全部抛出，形成有效的自由面，掏槽效果容易保证。

（3）所需掏槽眼数目较少，单位耗药量较少。

（4）槽眼位置和倾角的精确度对掏槽效果影响较小，掏槽眼位容易掌握。

斜眼掏槽的主要缺点是：

（1）钻眼方向难以掌握，要求钻眼工具有熟练的操作技术。

（2）炮眼深度受巷道断面的限制，不适于深孔爆破，尤其是在小断面巷道中更为突出。

（3）全断面巷道爆破下岩石的抛掷距离较大，爆堆分散，容易损坏设备和支护，不利于装载和清道等（尤其是掏槽眼角度不对称时）。

（4）多台钻机作业时，互相干扰。

2. 直眼掏槽

直眼掏槽的特点是所有炮眼都垂直于工作面且相互平行、距离较近，其中有一个或几个不装药的空眼。空眼的作用是给装药眼创造自由面和作为破碎岩石的膨胀空间。直眼掏槽常用以下几种形式：

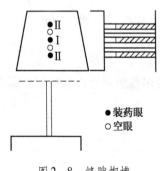

图 2-8　缝隙掏槽

（1）缝隙掏槽或龟裂掏槽。掏槽眼布置在一条直线上且相互平行，隔眼装药，各眼同时起爆，如图 2-8 所示。爆破后，在整个炮眼深度范围内形成一条稍大于炮眼直径的条形槽口，为辅助眼创造临空面。该掏槽形式适用于中硬以上或坚硬岩石和小断面巷道。炮眼间距视岩层性质，一般取 $(1 \sim 2)d$（d 为空眼直径）。大多数情况下，装药眼直径与空眼直径相同。

（2）桶形掏槽。掏槽眼按各种几何形状布置，使形成的槽腔呈角柱体或圆柱体，如图 2-9 所示。装药眼和空眼数目及其相互位置与间距是根据岩石性质和巷道断面来确定的。空眼直径可以等于或大于装药眼直径，大直径空眼可以形成较大的人工自由面和膨胀空间，掏槽眼的间距可以扩大。

（3）螺旋掏槽。所有装药眼围绕中心空眼呈螺旋状布置（图 2-10），还有一种由双向螺旋线掏槽发展而来的大空眼直线掏槽——克罗曼特掏槽（图 2-11），并从距离空眼最近的炮眼开始顺序起爆，使槽腔逐步增大。该掏槽形式在实践中取得了较好效果，其优点是可以用较少的炮眼和炸药获得较大体积的槽腔，各后续起爆的装药眼易于将碎石从腔内抛出；但是，若延期电雷管段数不够，就会限制这种掏槽形式的应用。当遇到特别难爆的岩石时，可以增加 1~2 个空眼。为使槽腔内岩石抛出，有时将空眼加深 300~400 mm，在底部装入适量炸药，并使之最后起爆，这样就可以将槽腔内的碎石抛出。

螺旋掏槽眼的起爆次序是：距空眼最近的炮眼最先起爆。一般起爆眼数视掏槽方式及空眼直径和个数而定，同时受现有电雷管总段数的限制，一般先起爆 1~4 个炮眼；后续掏槽眼同样按上述原则确定起爆次序及同一段起爆炮眼个数。段间隔时差为 50~100 ms 时掏槽效果比较好。

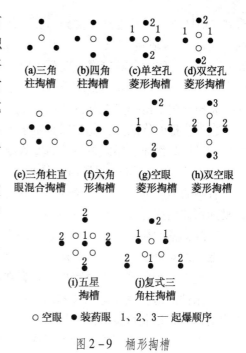

(a)三角柱掏槽　(b)四角柱掏槽　(c)单空孔菱形掏槽　(d)双空孔菱形掏槽

(e)三角柱直眼混合掏槽　(f)六角形掏槽　(g)空眼菱形掏槽　(h)双空眼菱形掏槽

(i)五星掏槽　(j)复式三角柱掏槽

○空眼　● 装药眼　1、2、3—起爆顺序

图 2-9　桶形掏槽

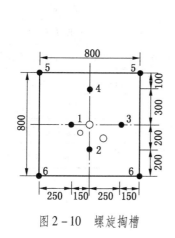

图 2-10　螺旋掏槽

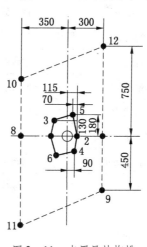

图 2-11　克罗曼特掏槽

直眼掏槽的装药量，应当保证掏槽范围内的岩石充分破碎，并有足够的能量

将破碎后的岩石尽可能地抛掷到槽腔以外。实际设计与施工中，装药量和堵塞往往把炮眼基本填满。施工过程中，煤矿井下爆破炮孔的深度一般不得小于0.65 m；在煤层内爆破堵塞长度至少应为炮孔深度的1/2，在岩层内爆破炮孔深度在0.9 m以下时，装药长度不得超过炮孔深度的1/2，炮孔深度在0.9 m以上时，装药长度不得超过炮孔深度的2/3。

直眼掏槽的优点是：①炮眼垂直于工作面布置，方式简单，易于掌握和实现多台钻机同时作业、钻眼机械化。②炮眼深度不受巷道断面的限制，可以实现中深孔爆破；当炮眼深度改变时，掏槽布置可以不变，只需要调整装药量即可。③有较高的炮眼利用率。④全断面巷道爆破，岩石的抛掷距离较近，爆堆集中，不易崩坏井筒或者巷道内的设备和支架。

直眼掏槽的缺点是：①需要较多的炮眼数目和较多的炸药；②炮眼间距和平行度的误差对掏槽效果影响较大，必须具备熟练的钻眼操作技术。

在地下工程爆破施工过程中，选择在某一施工条件下合理的掏槽形式，应考虑地质条件的适应性、施工技术的可行性、爆破效果的可靠性和经济的合理性等方面的因素，以获得良好的掏槽效果。

根据上述条件直眼掏槽和斜眼掏槽的适用条件见表2-2。

表2-2 直眼掏槽和斜眼掏槽的适用条件

序号	适用条件	直 眼 掏 槽	斜 眼 掏 槽
1	开挖断面大小	大小断面均可以，小断面更优	大断面较适用
2	地质条件	韧性岩层不适用	各种地质条件均适用
3	炮眼深度	不受断面大小限制，可以较深	受断面大小限制，不宜太深
4	对钻眼要求	钻眼精度影响大	相对来说对钻眼精度要求可稍差些
5	爆炸物品消耗	炸药、雷管用量较多	用量相对较少
6	施工条件	钻眼互相干扰小	钻眼互相干扰大
7	爆破效果	爆堆较集中	抛碴远，易损坏设备

（三）炮眼布置

1. 炮眼布置要求

除合理选择掏槽方式和爆破参数外，为保证安全，提高爆破效率和质量，还需要合理布置工作面上的炮眼。合理的炮眼布置应能保证：

（1）有较高的炮眼利用率。

（2）先爆炸的炮眼不会破坏后爆炸的炮眼或影响其内装炸药爆轰的稳定性。

（3）爆破块度均匀，大块率低。

（4）爆堆集中，飞石距离小，不会损坏支架或其他设备。

（5）爆破后断面和轮廓符合设计要求，壁面平整并能保持井巷围岩本身的强度和稳定性。

2. 炮眼布置方法和原则

（1）工作面上各类炮眼布置是"抓两头、带中间"，即首先选择适当的掏槽方式和掏槽位置，其次布置好周边眼，最后根据断面大小布置崩落眼。

（2）掏槽眼的位置会影响岩石的抛掷距离和破碎块度，通常布置在断面中央偏下，并考虑崩落眼的布置较为均匀。

（3）周边眼一般布置在断面轮廓线上。按光面爆破要求，各炮眼要相互平行，眼底落在同一平面上。底眼的最小抵抗线和炮眼间距通常与崩落眼相同，为保证爆破后在巷道底板不留"根底"，并为铺轨创造条件，底眼眼底要超过底板轮廓线。

（4）布置好周边眼和掏槽眼后，再布置崩落眼。崩落眼是以掏槽腔为自由面而层层布置的，均匀地分布在被爆岩体上，并根据断面大小和形状调整好最小抵抗线和邻近系数。

立井工作面炮眼参数选择和布置基本上与平巷相同。在圆形井筒中，最常采用的是圆锥掏槽和筒形掏槽。前者的炮眼利用率高，但岩石的抛掷高度也高，容易损坏井内设备，而且对打眼要求较高，各炮眼的倾斜角度要相同且对称；后者是应用最广泛的掏槽形式，当炮眼深度较大时，可采用二级或三级筒形掏槽，每级逐渐加深，通常后级深度为前级深度的1.5~1.6倍（图2-12）。

立井掘进工作面上的炮眼均布置在以井筒中心为圆心的同心圆周上，周边眼爆破参数应按光面爆破设计。周边眼和掏槽眼之间所需崩落眼圈数和各圈内炮眼间距，根据崩落眼最小抵抗线和邻近系数的关系来调整。立井井筒炮眼布置如图2-13所示。

（四）爆破参数

井巷掘进爆破的效果和质量取决于钻眼爆破参数。除掏槽方式及其参数外，主要的钻眼爆破参数还有：单位炸药消耗量、炮眼直径和装药直径、炮眼深度、炮眼数目等。合理选择这些爆破参数不仅要考虑掘进条件（如岩石地质和井巷断面条件等），还要考虑这些参数之间的相互关系及其对爆破效果和质量的影响（如炮眼利用率、岩石破碎块度、爆堆形状和尺寸等）。

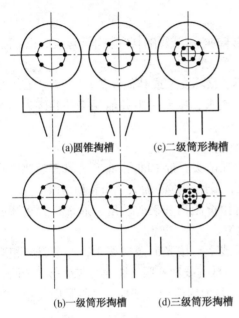

图 2-12　立井掘进掏槽形式示意图　　　图 2-13　立井井筒炮眼布置图

1. 单位炸药消耗量

爆破每立方米原岩所消耗的炸药量称为单位炸药消耗量，通常用 q 表示。该值的大小对爆破效果、凿岩和装岩工作量、炮眼利用率、巷道轮廓的平整性和围岩的稳定性都有较大影响。单位炸药消耗量偏低时，可能使巷道断面达不到设计要求，岩石破碎不均匀，甚至崩落不下来；单位炸药消耗量偏高时，不仅会增加炸药用量，还可能会造成巷道超挖，降低围岩的稳定性，甚至还会损坏支架和设备。

一般情况下，掘进工作面以掏槽眼装药量最大，崩落眼次之，周边眼的装药量最少。

2. 炮眼直径

炮眼直径的大小直接影响钻眼效率、全断面炮眼数目、炸药单耗、爆破岩石块度与岩壁平整度。炮眼直径及其相应的装药直径增大时，可以减少全断面的炮眼数目，药包爆炸能量相对集中，爆速和爆轰稳定性有所提高。但炮眼直径过大将导致凿岩速度显著下降，并影响岩石破碎质量，井巷轮廓平整度变差，甚至影响围岩的稳定性。因此，必须根据井巷断面大小，破碎块度要求，并考虑凿岩设备能力及炸药性能等，对炮眼直径加以综合分析和选择。

在井巷掘进中主要考虑断面大小、炸药性能（即在选用的直径下能保证爆轰稳定性）和钻眼速度（即全断面钻眼工时）来确定炮眼直径。目前，我国多用 35～45 mm 的炮眼直径。在具体条件下（岩石、井巷断面、炸药、眼深、采用的钻眼设备等），存在最佳炮眼直径，使掘进井巷所需的钻眼爆破和装岩的总工时最小。

3. 炮眼深度

炮眼深度是指孔底到工作面的垂直距离，而沿炮眼方向的实际深度叫作炮眼长度。炮眼深度的大小不仅影响每个掘进工序的工作量和完成各工序的时间，而且影响爆破效果、掘进速度和材料消耗。它是决定每班掘进循环次数的主要因素。

为了实现快速掘进，在提高机械化程度、改进掘进技术和改善工作组织的前提下，应力求增大眼深并增加循环次数。根据我国快速掘进的经验，采用深眼多循环，能使工时得到充分利用，增加凿岩和装岩时间，减少装药、爆破、通风和准备工作的时间。但是，眼深和循环次数又相互矛盾，必须正确分析和处理，随着掘进机械化程度的提高和掘进技术的改进，当达到一定循环指标后，适当控制循环次数，逐步增加眼深是适宜的。但巷道断面越小，随着眼深的增加，爆破受到的夹制作用越大。掘进每米巷道所需劳动量或工时最小、成本最低的炮眼深度称为最优炮眼深度。通常根据任务要求或循环组织来确定炮眼深度。

目前，在我国所具备的掘进技术和设备的条件下，井巷掘进常用炮眼深度为 1.5～2.5 m。随着新型、高效凿岩机和先进装运设备的应用，以及爆炸物品质量的提高，炮眼深度应向深眼发展。

4. 炮眼数目

炮眼数目的多少，直接影响凿岩工作量和爆破效果。孔数过少，大块岩石增多，井巷轮廓不平整甚至出现爆不开的情形；孔数过多，将使凿岩工作量增加。炮眼数目的选定主要与井巷断面、岩石性质及炸药性能等因素有关。

5. 炮眼利用率

炮眼利用率是合理选择钻眼爆破参数的一个重要准则。它用公式表示为

$$\eta = \frac{L - L_0}{L}$$

式中　　η——炮眼利用率；

　　　　L——炮眼深度；

　　　　L_0——爆破进尺。

试验表明，单位炸药消耗量、装药直径、炮眼数目、装药系数和炮眼深度等

参数对炮眼利用率的大小产生影响。井巷掘进的较优炮眼利用率为 0. 85 ~ 0. 95。

6. 炮眼间距

井巷掘进爆破一般根据一个掘进循环所需要的总装药量，并结合巷道断面大小及形状均匀地布置炮眼，从而确定炮眼间距。

炮眼间距应合适，太小会导致挤死邻炮眼，太大又会导致崩不下岩石。

（1）掏槽眼眼距。直眼掏槽，炮眼间距为 150 ~ 250 mm；斜眼掏槽，根据掏槽形式具体确定。

（2）崩落眼眼距。根据岩石性质不同，通常为 600 ~ 800 mm。

（3）周边眼眼距。根据岩石性质不同，通常应为 500 ~ 600 mm；光面爆破时，一般应小于 400 mm。

二、井巷爆破控制技术

（一）毫秒爆破

1. 毫秒爆破的作用原理

毫秒爆破又称微差爆破，是成群装药，以若干毫秒为间隔先后分组引爆的方法。其爆破作用有：

（1）爆破安全作用。由于组装药爆破间隔时间短，可把一次爆破延期的总时间控制在 130 ms 以内，在此时间范围内大量瓦斯来不及涌出，同时也不超过瓦斯、煤尘爆炸所必需的感应时间，故具有爆破安全作用，可用于有瓦斯或煤尘爆炸危险的矿井。

（2）扩大掏槽作用。前后组装药按适宜的毫秒间隔依次爆破，前组装药使岩块移动后，后组装药才爆炸，所以前组装药具有扩大掏槽作用，能为后组装药提供新的自由面，使其能爆落更多、更破碎的岩石。据此便可适当加大装药间距。

（3）补充破碎作用。由于各组装药起爆间隔短促，前后组装药先后爆落的岩石会互相碰击，故有补充破碎作用。

（4）残余应力作用。组装药爆破时，在周围岩石中激起的应力波逐渐衰减，其残余应力的作用要延续一瞬间。因此，当前后组装药以毫秒间隔先后爆破时，就会出现应力叠加，有利于扩展爆破范围。

（5）减弱地震作用。前后组装药爆破产生的地震波相互干扰，使地震作用减弱。

2. 毫秒爆破的优点

（1）增强了爆破安全性，较好地解决了二次爆破引爆瓦斯、煤尘的隐患。

（2）爆破形状整齐、集中，有利于下一个循环的钻爆作业，提高生产效率。

（3）可使爆破地震效应和空气冲击波作用降低。

（4）爆下的岩石块度均匀，大块率低。

（5）可增大一次爆破量，减少爆破次数，提高大型设备的利用率。

（二）光面爆破

1. 概述

光面爆破（简称光爆）是沿开挖边界布置密集炮孔，采取不耦合装药或装填低威力炸药，在主爆区之前或之后起爆，以形成平整轮廓面的一种控制爆破技术。目的是使爆破后留下的井巷围岩形状规整，符合设计要求，具有光滑表面，围岩损伤小，保持稳定等特点。光面爆破只限于断面周边一层岩石（主要是顶部和两帮），所以又称为轮廓爆破或周边爆破。

2. 原理

光面爆破的实质，是在井巷掘进设计断面的轮廓线上布置间距较小、相互平行的炮眼，控制每个炮眼的装药量，选用低密度和低爆速的炸药，采用不耦合装药，同时起爆，使炸药的爆炸作用刚好产生炮眼连线上的贯穿裂缝，并沿各炮眼的连线——井巷轮廓线将岩石崩落下来。

其裂缝的形成机理有以下两种观点：

（1）应力波与爆炸气体共同作用原理。爆炸物品存在误差时，难以保证两相邻炮孔同时起爆，从而也难以保证上述应力波在连心线中点叠加及产生效应。这样，贯穿裂缝，是基于各装药爆炸所激起的应力波先在各炮眼壁上产生初始裂缝，然后在爆炸气体静压作用下使之扩展贯穿，最终形成的。

（2）应力波叠加原理。相邻两炮孔装药同时爆炸时，各自产生的应力波沿装药连线相向传播，在两炮孔的连心线方向产生叠加。当相邻炮孔连线中点上产生的拉应力大于岩石的抗拉强度时，形成贯穿裂缝。

3. 在井巷掘进中应用光面爆破的优点

（1）爆破后成形规整，提高了井巷轮廓质量。

（2）爆破后井巷轮廓外的围岩不产生或产生很少的爆震裂缝，提高了围岩的稳定性和自身的承载能力，不需要或很少需要加强支护，减少了支护工作量和材料消耗。

（3）能加快井巷掘进速度，降低了成本，保证了施工安全。

（4）能减少超挖，特别是在松软岩层中更能显示其优点。

4. 技术关键

（1）根据岩层条件、工程要求，正确选择不耦合系数、炮眼间距、邻近系数、最小抵抗线和起爆时差等光爆参数。不耦合系数的选取原则是使作用在孔壁上的压力低于岩石的抗压强度，而高于抗拉强度。实践表明，不耦合系数的大小因炸药和岩层性质的不同而不同，一般取 1.5～2.5。合适的间距应使炮眼间形成贯穿裂缝。

根据实践经验，炮眼间距一般为炮眼直径的 10～20 倍。实践中多取邻近系数 $m = 0.8～1.0$，此时光爆效果最好。合适的最小抵抗线为眼距的 1.00～1.25 倍。实践证明，起爆时差随炮眼深度的不同而不同，炮眼越深，起爆时差应越大，一般为 50～100 ms。

（2）精确的钻眼极为重要，要求"平、直、齐、准"。所有周边眼应彼此平行，并且其深度一般不应比其他炮眼深。各炮眼均应垂直于工作面。实际施工时，周边眼不可能完全与工作面垂直，必然有一个角度，根据炮眼深度此角度一般要取 3°～5°。如果工作面不齐，应按实际情况调整炮眼深度及装药量，力求所有炮眼底落在同一个横断面上。开眼位置要准确，偏差值不大于 30 mm。对于周边眼开眼位置均应位于井巷断面的轮廓线上，不允许出现偏向轮廓线里面的情况。

（3）选择合理的施工方案。掘进小断面巷道时，优先选择全断面一次爆破法，按起爆顺序分别装入多段毫秒电雷管起爆，起爆顺序为掏槽眼→辅助眼→崩落眼→周边眼。大断面巷道和硐室掘进时，可采用预留光爆层的分次爆破（又称为修边爆破），先超前掘进小断面导硐，后刷大至全断面。

（4）周边眼装药结构可采用标准药径（ϕ32 mm）空气间隔装药、小直径药卷间隔装药和小直径药卷连续装药等 3 种。标准药径（ϕ32 mm）空气间隔装药结构施工简便，通用性强，但由于药包直径大，靠近药包孔壁容易产生微小裂纹；小直径药卷间隔装药结构用于开掘质量较高的巷道，对围岩破坏作用小；小直径药卷连续装药结构用于炮孔深度小于 2 m 时，爆破效果较好。

目前，在井巷掘进中，光面爆破已成为一种标准的施工方法。

三、影响爆破效果的主要因素

（一）炸药性能和装药量

1. 炸药性能

炸药性能对爆破效果的影响较大。炸药性能主要是指炸药的猛度和爆力，一般情况下应该根据爆破岩石的性质来选择不同猛度的炸药，根据抛碴爆破的要求选择不同爆力的炸药。但是，在煤矿井下进行爆破作业时必须按照《煤矿安全规程》的规定选用炸药。

2．装药量

炸药用量的多少，直接影响爆破效果。药量少了，达不到预期的爆破效果；药量多了，不但造成炸药浪费，而且会炸掉不该炸的部分，影响爆破安全。

（二）装药结构

装药结构是指炸药在炮眼内的装填情况。不同的装药结构可以改变炸药的爆炸性能，从而引起爆炸作用的变化。装药结构的分类情况如下：

（1）按径向是否耦合，可以分为：①耦合装药，即装药直径与炮眼直径相同；②不耦合装药，即装药直径小于炮眼直径。

炮眼耦合装药爆炸时，眼壁遭受的是爆轰波的直接作用，在岩体内一般要激起冲击波，造成粉碎区，从而消耗了炸药的大量能量。炮眼不耦合装药爆炸时，可以降低对孔壁的冲击压力，减少粉碎区，激起应力波在岩体内加长作用时间，这样就加大了裂隙区的范围，炸药能量得到充分利用。在光面爆破中，周边眼多采用不耦合装药。

（2）按轴向是否连续，可以分为：①连续装药，即装药在炮眼内连续装填，没有间隔；②间隔装药，即装药在炮眼内分段装填，装药之间有炮泥、木垫或空气，使之隔开。

（3）按起爆电雷管位置不同，可以分为：①正向起爆，是指起爆药卷位于柱状装药的外端，靠近炮眼口，电雷管底部朝向眼底的起爆方法；②反向起爆，是指起爆药卷位于柱状装药的里端，靠近或在炮眼底，电雷管底部朝向炮眼口的起爆方法。正反向装药示意如图 2-14 所示。

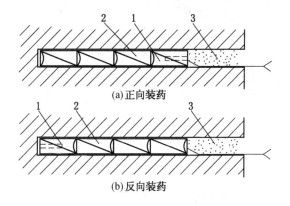

(a)正向装药

(b)反向装药

1—起爆药卷；2—被动药卷；3—炮泥

图 2-14 正反向装药示意图

反向起爆时，炸药的爆轰波和固体颗粒的传递与飞散方向是向着眼口的。当这些微粒飞过预先被气态爆炸产物所加热的瓦斯时，就很容易使瓦斯点燃。而正向起爆则不同，飞散的炸药颗粒是向炮眼内部飞散的，不易引爆瓦斯。所以，在有瓦斯、煤尘爆炸危险的工作面，正向起爆比反向起爆安全性高。但是，反向起爆的爆破效果好、炮眼利用率高。这是由于反向起爆爆轰波的方向与爆破岩石的方向一致，能充分发挥炸药的爆炸能量；引药在炮眼最里端，容易保证药卷衔接，电雷管不易从药卷中拽出来。所以，在低瓦斯矿井中多采用反向起爆。

（4）"垫药"和"盖药"的害处。装药时，将引药和炸药的聚能穴都一致指向传爆方向，可以增强传爆能力，确保传爆稳定，改善爆破安全状况，并提高爆破效果；否则，会使爆速和传爆能力降低，有可能产生爆燃和拒爆。因此，装药时必须将引药和炸药的聚能穴一致指向传爆方向。

把正向起爆药卷以外的药卷称为盖药，把反向起爆药卷以里的药卷称为垫药，如图2－15所示。根据试验结果，大部分情况下垫药和盖药不传爆。这说明爆轰的传播是有方向性的，它总是以电雷管为起点，顺着电雷管起爆的方向，沿着药柱向前传播。一般情况下，相反的方向得不到足以激发炸药的能量，导致盖药、垫药拒爆。即使个别传爆，也达不到炸药的正常爆速。

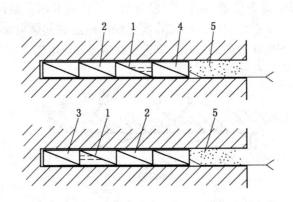

1—起爆药卷；2—被动药卷；3—垫药；4—盖药；5—炮泥

图2－15　垫药、盖药

装盖药、垫药不仅浪费炸药，影响爆破效果，而且容易产生残爆和爆燃，爆燃最容易引爆瓦斯和煤尘，对安全不利。

（三）炮泥

用黏土、砂－土砂混合材料或水炮泥（装有水的聚乙烯塑料袋）将装好炸药的炮眼封闭起来称为填塞，所有材料统称为炮泥。炮泥的作用是：保证炸药充分反应，使之放出最大热量和减少有毒气体生成量；降低爆炸气体逸出自由面的温度和压力，使炮眼内保持较高的爆轰压力和较长的作用时间。特别是在有瓦斯与煤尘爆炸危险的工作面，炮眼必须填塞，这样可以阻止灼热的固体颗粒从炮眼中飞出。除此之外，炮泥也会影响爆炸应力波参数，从而影响岩石破碎过程和炸药能量有效利用。试验表明，爆炸应力波参数与炮泥材料、炮泥填塞长度和填塞质量等因素有关。合理的填塞长度应与装药长度或炮眼直径成一定的比例关系。生产中常取的填塞长度相当于 0.35 ~ 0.50 倍的装药长度。

《煤矿安全规程》第三百五十八条　炮眼封泥必须使用水炮泥，水炮泥外剩余的炮眼部分应当用黏土炮泥或者用不燃性、可塑性松散材料制成的炮泥封实。严禁用煤粉、块状材料或者其他可燃性材料作炮眼封泥。

无封泥、封泥不足或者不实的炮眼，严禁爆破。

严禁裸露爆破。

第三节　炮采工作面爆破技术

采煤工作面爆破作业应满足"七不、二少、三高"的要求。

（1）"七不"是：①不发生爆破伤亡事故，不发生引燃、引爆瓦斯和煤尘事故；②不崩倒支柱，防止发生冒顶事故；③不崩破顶板，便于支护，降低含矸率；④不留底煤和伞檐，便于攉煤和支护；⑤使工作面平、直、齐，保证循环进度；⑥不崩翻刮板输送机、油管和电缆等；⑦块度均匀，不出大块煤，减少人工二次破碎工作量。

（2）"二少"是：①爆破消耗的时间少，应尽量增加每一次爆破的炮眼个数，以减少爆破次数，缩短爆破的辅助时间，提高出煤工效；②爆炸物品消耗少，合理布置炮眼，装药量适中，降低炸药、电雷管消耗，提高经济效益。

（3）"三高"是：①爆破自装率高，爆破后要求煤体松动适度，使尽量多的煤落入刮板输送机，以减少人工攉煤量；②回采率高，爆破时防止把煤抛到采空区一侧，以提高煤炭采出率；③炮眼利用率高，以保证采煤工作面的循环进度。

一、炮采工作面炮眼的种类、布置方式及爆破参数

（一）炮采工作面炮眼的种类及作用

炮采工作面炮眼，按位置不同可分为顶眼、腰眼和底眼，如图 2 - 16 所示。

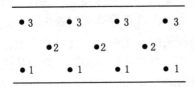

1—底眼；2—腰眼；3—顶眼

图2-16　炮采工作面炮眼布置示意图

1. 底眼及其作用

底眼位于工作面底部，它的作用是先将煤层下部的煤崩出，为腰眼和顶眼创造自由面，不留底煤，不破底板，为装煤、移溜和支柱创造良好条件。

2. 腰眼及其作用

腰眼位于煤层顶板与底板之间的腰部，进一步扩大底眼掏槽，为顶眼增加新的自由面，为落煤创造条件。

3. 顶眼及其作用

顶眼位于腰眼和顶板之间，在不留顶煤并保持顶板稳定或少受震动的情况下落煤。

（二）炮采工作面炮眼的布置方式

炮采工作面炮眼的布置方式应根据工作面采高、煤的硬度、顶底板岩层性质和煤层节理及层理等条件来确定。

炮眼的布置方式有以下几种。

1. 单排眼

单排眼一般用于1 m以下的薄煤层或煤质松软、节理发达的中厚煤层。一般情况下，沿工作面打一排稍俯并斜向一侧的炮眼，如图2-17所示。

2. 双排眼

当煤层厚度为1.0～1.5 m，煤质中硬时，沿工作面打两排上下成对的炮眼，称为双排眼或对眼，如图2-18所示。

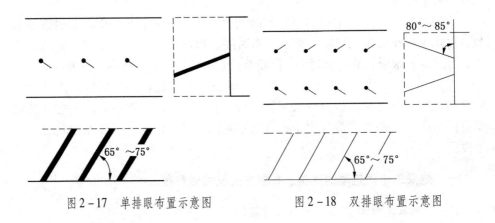

图2-17　单排眼布置示意图　　　　图2-18　双排眼布置示意图

3. 三花眼

当煤层厚度为 1.0 ~ 1.5 m，煤质松软时，打两排上下错开的炮眼，称为三花眼，如图 2 - 19 所示。

4. 五花眼

五花眼适用于煤层厚度大于 1.5 m，煤质坚硬或采高较大的中厚煤层，如图 2 - 20 所示。

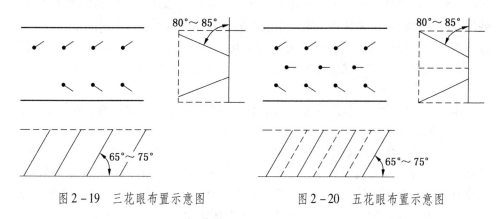

图 2 - 19　三花眼布置示意图　　　　图 2 - 20　五花眼布置示意图

（三）采煤工作面爆破参数

为获得良好的爆破效果，必须根据煤层硬度、煤层厚度、节理或裂隙发育程度、炸药性能和顶板状况，正确选择爆破参数，包括炮眼布置方式、炮眼角度、炮眼深度和装药量等。

1. 炮眼间距

邻近炮眼间距，可以根据炮眼深度、煤质软硬、夹石情况和块度要求而定。正常情况下，炮眼间距与深度之比，保持在 3 : 5 左右，一般为 1.0 ~ 1.2 m。

2. 炮眼角度

为便于打眼操作和不崩倒支架，炮眼与煤壁水平夹角一般为 65° ~ 75°。角度过大，容易影响爆破效果；角度过小，不便于打眼操作，容易崩倒工作面支架，爆破时将大量煤崩入采空区，既增加清扫浮煤的工作量，又损失煤炭资源，易酿成自然发火。但因掏槽眼只有一个自由面，炮眼角度应小些，一般为 45° ~ 55°。

腰眼垂直于工作面，顶眼一般有仰角，底眼一般有俯角。顶眼要求以不破坏顶板、减少对顶板的震动和不留顶煤为原则。当顶板稳定时，顶眼仰角为 5° ~ 10°，眼底距顶板 0.1 ~ 0.3 m；当顶板松散和破碎以及分层开采底层时，顶眼与顶板平行，眼底距顶板一般为 0.3 ~ 0.5 m。底眼俯角为 10° ~ 15°，眼底距底板 0.1 ~ 0.2 m，要求以不破坏底板和不留底煤，使底板保持平整为原则。

3. 炮眼深度

炮眼深度取决于一次推进进度和炮眼角度，一般多采用小进度。一次推进进度为 1.0 ~ 1.2 m，炮眼深度大于循环进度 0.2 m。小进度的炮采工作面，炮眼装药量少。顶板受震动小，悬顶面积小，有利于顶板控制和安全；并且可实行一次多爆破，对实现爆破装煤、提高自装率有利。对采用金属支柱铰接顶梁的工作面，炮眼深度可以根据顶梁规格而定。小进度的缺点是辅助工序占用时间多。另一种方式为加大循环进度，一次推进进度为 1.6 ~ 2.0 m，此种方式可减少爆破、准备、移输送机、回柱、放顶等辅助作业时间，可以在顶板条件好的工作面推行。

4. 炮眼装药量

采煤工作面的炮眼装药量是指每米炮眼的炸药用量。它是依据煤层硬度、炮眼数目、炮眼深度而定的，并与工作面的采高、循环进度有关。

每个炮采工作面作业规程中的爆破说明书都规定了顶眼、腰眼、底眼的炸药消耗量。一般底眼装药量最多，腰眼次之，顶眼最少。双排眼、三花眼布置时，底眼和顶眼的装药量按 1∶(0.5 ~ 0.7) 的比例分配；三排眼、五花眼布置时，底眼、中间眼、顶眼的装药量按 1∶0.75∶0.5 的比例分配。

有些人认为多装药总比少装药好，这种观点是错误的。它不仅浪费大量炸药，还会给安全生产带来以下隐患：

（1）会使炮泥充填长度减小，不但降低爆破效果，而且易使爆破火焰冲出眼口，可能引燃瓦斯、煤尘，导致瓦斯和煤尘爆炸事故。

（2）势必会造成所爆煤岩过度粉碎，且抛掷距离远。在采煤工作面会把煤崩入采空区，降低采出率和块煤率，增加吨煤成本。同时又会产生大量煤（岩）尘，影响职工健康，威胁安全生产。

（3）爆炸后产生的炮烟和有害气体相应增加，延长了排烟时间，不利于职工安全健康。

（4）会不同程度地破坏围岩的稳定性，易崩倒支架，造成工作面冒顶事故。

（5）会崩坏采煤工作面的电气、机械设备，造成工作面停电、停产。炮眼装药量必须按作业规程的要求执行。

（四）采煤工作面炮眼连线方式

（1）单排眼串联，如图 2-21a 所示。

（2）双排眼串联，如图 2-21b 所示。

（3）三排眼串联，如图 2-21c、图 2-21d 所示。

二、炮采工作面间隔分组爆破、毫秒爆破技术

《煤矿安全规程》第三百五十一条　在有瓦斯或者煤尘爆炸危险的采掘工作面，应当采用毫秒爆破。在掘进工作面应当全断面一次起爆，不能全断面一次起爆的，必须采取安全措施。在采煤工作面可分组装药，但一组装药必须一次起爆。

严禁在 1 个采煤工作面使用 2 台发爆器同时进行爆破。

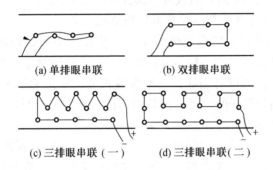

图 2 - 21　炮采工作面连线方式示意图

《煤矿安全规程》第三百五十二条　在高瓦斯矿井采掘工作面采用毫秒爆破时，若采用反向起爆，必须制定安全技术措施。

（一）采煤工作面一组装药分次起爆的主要危害

1. 爆破有害效应增加

前次爆破产生的瓦斯或煤尘可能被后次爆破产生的空气冲击波、炽热固体颗粒、气体爆炸产物及二次火焰所引燃，发生瓦斯或煤尘爆炸事故。爆破时若崩倒支柱，联炮或攉煤时易发生冒顶伤人事故。后次爆破连线时，易发生顶板落石和片帮伤人事故。爆破时产生的裂缝贯穿相邻炮眼，易使爆破火焰从裂缝中喷出，影响爆破安全和效果。多次连线影响连线可靠性且增加劳动强度和炮烟吸入时间，易发生炮烟熏人事故。间隔时间短的多次爆破不利于通风和洒水，影响煤尘管理。

2. 影响爆炸物品性能

分次起爆时，易压死相邻段炮眼的炸药，或崩断电雷管脚线、爆破带出电雷管和炸药、震断电雷管桥丝等。炸药在有水或潮湿的炮眼内时间过长会因受潮而产生拒爆或爆燃。

3. 影响爆破效果

如果其中一炮"打筒"或未崩下来煤岩，则可能导致循环进度不够。

总之，采煤工作面实行一次装药、分次起爆，无论是从爆破效果或节省爆炸物品的角度考虑，还是从影响工人身体健康或爆破安全的角度考虑，都是错误的。因此，在采煤工作面可分组装药，但一组装药必须一次起爆。

【案例】2008 年 6 月 23 日 0 时 16 分，安徽某煤矿炮采工作面爆破未坚持"一炮三检"制，爆破时瓦检员不在场，采用一次装药，分次爆破，导致瓦斯爆炸，死亡 76 人，受伤 69 人，直接经济损失 327.8 万元。

（二）采用间隔分组装药爆破应采取的措施

（1）在地质条件好、顶板比较稳定的工作面，如果合理选用发爆器容量，加大炮眼水平角度，适当缩小相邻炮眼的间距和严格控制每个炮眼的装药量，且工作面斜长较短时，可以适当加长一次爆破长度，采用大串联一组装药一次起爆；如果工作面斜长较长时，可以视顶板情况，确定分组长度，实行分组装药，一组装药必须一次起爆。

（2）在顶板较不稳定、比较破碎的工作面，采取减少顶眼和加大顶眼与顶板的距离，并在分组间留煤柱的情况下，视顶板情况适当缩小分组长度，实行一组装药一次起爆。

（3）采用在刮板输送机溜槽上加盖板的办法，避免煤压死输送机导致输送机难以启动，影响正常生产。

（4）采取加大底眼俯角、在刮板输送机一侧加压点柱或挤住溜槽的方法，防止爆破崩翻溜槽。

（5）使用毫秒电雷管爆破，可以一次多爆破，爆破效果好，且利于顶板控制。

（6）如果采煤工作面对分次装药、一组装药一次起爆确有困难，可以一次打眼、间隔分组装药起爆，分组间隔距离不得小于 2 m。未装药的炮眼可以插上炮棍，以表示间隔。

（7）每次爆破前都必须对爆破地点附近 20 m 内风流中的瓦斯浓度进行检查，瓦斯浓度在 1% 以下，煤尘浓度符合规定后，方可爆破。

（8）严禁在一个采煤工作面使用 2 台发爆器同时爆破。

（三）炮采工作面的毫秒爆破

与瞬发爆破相比较，毫秒爆破对顶板的影响小，可提高爆破装煤效率 1/3 ~ 1/2。采用毫秒爆破应采取以下技术措施：

（1）炮眼只能串联，且在爆破前用爆破欧姆表或专用爆破电桥检查网路。

爆破前加强工作面瓦斯检查，瓦斯浓度超过 1% 时不得装药爆破。

（2）工作面要有足够风量，设好防尘水管，爆破前后都须加强洒水降尘。

（3）网路实际起爆电流应达到最小准爆电流要求。

（4）过断层、破碎带时，其上下 2 m 内不准放大炮。

第四节　突出煤层爆破技术

煤与瓦斯突出是在地应力和瓦斯的共同作用下，破碎的煤岩和瓦斯由煤体或岩体内突然向采掘空间抛出的异常动力现象。煤与瓦斯突出是煤矿井下生产中较大的自然灾害，它严重威胁着煤矿的安全生产。由于煤与瓦斯突出能在一瞬间向采掘工作面空间喷出巨量煤与瓦斯流，不仅严重摧毁巷道设施，毁坏通风系统，而且使附近区域的井巷全部充满瓦斯与煤粉，造成瓦斯窒息或煤流埋人，甚至会造成煤尘和瓦斯爆炸等严重后果。

《煤矿安全规程》第二百一十七条　突出煤层的采掘工作面，应当根据煤层实际情况选用防突措施，并遵守下列规定：

（1）不得选用水力冲孔措施，倾角在 8° 以上的上山掘进工作面不得选用松动爆破、水力疏松措施。

（2）突出煤层煤巷掘进工作面前方遇到落差超过煤层厚度的断层，应当按井巷揭煤的措施执行。

（3）采煤工作面采用超前钻孔预抽瓦斯和超前钻孔排放瓦斯作为工作面防突措施时，超前钻孔的孔数、孔底间距等应当根据钻孔的有效抽排半径确定。

（4）松动爆破时，应当按远距离爆破的要求执行。

【案例】2004 年 10 月 20 日 22 时 39 分，河南某煤矿爆破引起煤与瓦斯突出，进而发生瓦斯爆炸事故，共造成 148 人死亡，32 人受伤。

一、突出煤层的松动爆破

1. 松动爆破

松动爆破是指在工作面前方向煤体深部的高压力带打几个深度较大的炮眼，装药爆破后使煤体破裂松动、消除煤质软硬不均现象，并形成瓦斯排放的渠道。在工作面前方造成较长的低压带，使工作面前方应力集中带和瓦斯高压带移向煤体更深部位，起到卸压和排放瓦斯的作用，因此可以预防瓦斯突出。

松动爆破分为深浅两种，眼深小于 6 m 的称为浅孔松动，眼深大于 6 m 的称为深孔松动。

深孔松动爆破适用于煤层赋存稳定，无地质构造变化，煤质较硬，顶底板较好，突出强度较小的突出煤层。

煤层松动爆破的做法，是在震动爆破的基础上，在煤体深部的应力集中带内布置几个长炮眼进行爆破，目的在于利用炸药爆炸能量破坏煤体前方的应力集中带，以便在工作面前方造成较长卸压带，以预防突出的发生。此外，深孔炸药爆破还可以在炮眼周围形成破碎圈和松动圈，如图 2-22 所示，这有利于缓和煤体应力和排放瓦斯，对防止突出也是有利的。

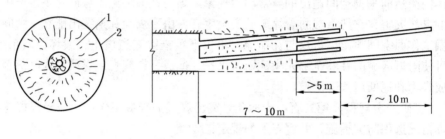

1—破碎圈；2—松动圈

图 2-22　松动圈爆破炮眼布置图

爆破后在钻孔周围形成破碎圈和松动圈，圈内的煤分别为碎屑状和破碎状，有助于消除煤的软硬不均而引起的应力集中，并形成瓦斯排放通道，降低瓦斯压力和应力，这对于防突也是有利的。为了防止延期突出，爆破后至少等待30 min，方可进入工作面。撤人和爆破的安全距离，根据突出危险程度确定，但不得少于300 m，并处于新鲜风流中。一般在松动爆破后，工作面停止作业4~8 h。

采用松动爆破时要切实做好安全工作，应有救护队员值班，要检查瓦斯和爆破情况；爆破前人员必须撤离到安全地区，撤离距离应根据煤层瓦斯突出危险程度而定；爆破后瓦斯涌出量较大，往往使采区回风巷瓦斯浓度超限，所以爆破工作可以选择在下班时进行，接班时及时支护，以免造成冒落。

2. 松动爆破安全技术措施

松动爆破必须进行专门设计，报矿总工程师批准，爆破作业由专人负责指挥，专职井下爆破工实施并做好记录。

（1）在有突出危险的煤层中掘进巷道，一般在工作面布置3~5个钻孔（不得少于2个），孔径42 mm左右，孔深8~10 m（不得少于8 m）；钻孔底超前工作面不得少于 5 m。深孔松动爆破应控制到爆破轮廓线外 1.5~2 m 的范围，其钻孔布置如图 2-23 所示。

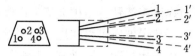

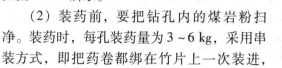

1、2、3、4—本次循环爆破孔；

1′、2′、3′、4′—下次循环爆破孔

图 2-23　深孔松动爆破钻孔布置图

（2）装药前，要把钻孔内的煤岩粉扫净。装药时，每孔装药量为 3~6 kg，采用串装方式，即把药卷都绑在竹片上一次装进，既快又顺利，还能够掌握装药位置。封泥长度不得小于 2 m。

（3）打眼、装药时，发生喷孔、顶孔等瓦斯动力现象时，不准装药爆破，报告有关领导处理。

（4）松动爆破时，必须有撤人、停电、警戒、远距离爆破、反向风门等措施。

（5）爆破工作面应安装风水喷雾和甲烷自动报警断电装置，爆破时局部通风机不得停止运转。

（6）松动爆破，起爆地点、时间、避炮路线、停电范围、关闭风门等，应进行专门设计，报矿总工程师批准。

【案例】某煤矿己 16-17-22141 采煤工作面回采时煤层瓦斯涌出量增大，采取深孔爆破，取得了良好的效果。

（1）回采工作面概况。己 16-17-22141 采煤工作面位于该矿二水平己二采区西翼，南部为已回采结束的己 16-17-22120 采煤工作面，北部为原生煤层；可采走向长 1040 m，平均倾斜长 197 m，地面标高 175~185 m，工作面标高 -698~-780 m，煤层埋藏深度为 -873~-965 m，瓦斯绝对涌出量为 4 m³/min。

（2）可行性分析。随着矿井开采深度的增大，开采条件和自然环境发生显著变化，出现了高塑应力、高瓦斯、低渗透性和低强度煤体的现象，对安全生产造成了严重威胁。

在具有煤与瓦斯突出和冲击地压危险的采煤工作面回采时煤层瓦斯涌出量明显增大，直接制约采煤工作面的安全生产。为消除冲击地压和煤与瓦斯突出危险，做好采煤工作面瓦斯治理工作，确保安全生产，可以采取深孔爆破卸压措施。

煤层深孔爆破是在煤体深部的应力集中带内，布置长炮眼进行爆破，其目的在于利用炸药的能量破坏煤体前方的应力集中带，以松动煤体、改变煤体的应力状态，以便在工作面前方造成较长的卸压带而预防突出的发生，同样这也是一种诱导突出的措施。此外，采用深孔松动爆破，既增加了迎头煤体裂隙，松动了煤体，解析和释放了煤体瓦斯，又释放了地应力，压力集中带沿采煤工作面推进方向向煤体深部转移，扩大了工作面前方卸压区域，应力场重新分布，达到防突目的。深孔爆破还可以在炮眼周围形成破碎圈，形成瓦斯排放通道，提高煤层透气性，使高压瓦斯加速排放，降低了瓦斯压力梯度，减少了突出势能，实现了空间和时间的超前防护作用，有效地防止了煤与瓦斯突出和冲击地压。

（3）钻孔参数。采煤工作面机巷、风巷掘进期间采取本煤层抽放瓦斯，但在采煤工作面中部仍留有空白带。

采煤工作面回采时在风巷往下 15 m，机巷往上 40 m 的采煤工作面中部 142 m 空白带范围内布置单排孔 14 个，孔径 42 mm，孔深 11 m，孔间距 10 m，顶距 1.5～2 m 的爆破孔，孔垂直于煤壁。

工作面每推进 6 m 进行一次深孔爆破，深孔爆破超前距不小于 5 m。炮眼按支架顺序号编号管理，并建立爆破台账，炮眼位置每天依次错开间距 1.5 m，避免多次在同一位置爆破。

（4）装药与封孔工艺。每个钻孔需要 5 根 2 m 长的 PVC 管，管与管之间由接头连接。其中，最里一个长 2 m 的管内装炸药（管内装 10 卷炸药，第 1、4、7、10 卷炸药内装 1 个电雷管，4 个电雷管按并联方式连接，正向装药），中间两个管内装湿沙并捣实（4 m），外面一个管内装水炮泥（2 m），最后一个管内装黄泥封孔（2 m）。所有钻孔采用串联方式连接，全断面一次起爆。

（5）效果分析。深孔爆破后，从瓦斯涌出情况来看，爆破孔瓦斯涌出量增加明显，说明工作面横断面上产生了明显的破碎圈带，增加了煤体裂隙，使爆破段煤体中的高压瓦斯得以充分排放。

在突出煤层具有冲击地压危险的采煤工作面实施深孔爆破技术后，煤体中爆破段形成了破碎圈带和松动圈带，使原始高地应力场发生改变，沿煤壁向煤体前方深部转移；同时提高了煤层透气性，使高压瓦斯加速排放，降低了瓦斯压力，减少了突出势能；有效地防止了煤与瓦斯突出和冲击地压，达到安全、快速回采的目的。

二、突出工作面的远距离爆破

在突出危险煤层中爆破作业很容易诱发突出，如在落煤过程中有人员在附近，发生突出时就容易造成人员伤亡。为此，在突出煤层中进行采掘工作时，减少人员伤亡的最好办法就是采用远距离爆破。

《煤矿安全规程》第二百一十四条　井巷揭穿（开）突出煤层必须遵守下列规定：

（1）在工作面距煤层法向距离 10 m（地质构造复杂、岩石破碎的区域20 m）

之外，至少施工 2 个前探钻孔，掌握煤层赋存条件、地质构造、瓦斯情况等。

（2）从工作面距煤层法向距离大于 5 m 处开始，直至揭穿煤层全过程都应当采取局部综合防突措施。

（3）揭煤工作面距煤层法向距离 2 m 至进入顶（底）板 2 m 的范围，均应当采用远距离爆破掘进工艺。

（4）厚度小于 0.3 m 的突出煤层，在满足（1）的条件下可直接采用远距离爆破掘进工艺揭穿。

（5）禁止使用震动爆破揭穿突出煤层。

《煤矿安全规程》第二百二十条　井巷揭穿突出煤层和在突出煤层中进行采掘作业时，必须采取避难硐室、反向风门、压风自救装置、隔离式自救器、远距离爆破等安全防护措施。

《煤矿安全规程》第二百二十二条　井巷揭煤采用远距离爆破时，必须明确起爆地点、避灾路线、警戒范围，制定停电撤人等措施。

井筒起爆及撤人地点必须位于地面距井口边缘 20 m 以外，暗立（斜）井及石门揭煤起爆及撤人地点必须位于反向风门外 500 m 以上全风压通风的新鲜风流中或者 300 m 以外的避难硐室内。

煤巷掘进工作面采用远距离爆破时，起爆地点必须设在进风侧反向风门之外的全风压通风的新鲜风流中或者避险设施内，起爆地点距工作面的距离必须在措施中明确规定。

远距离爆破时，回风系统必须停电撤人。爆破后，进入工作面检查的时间应当在措施中明确规定，但不得小于 30 min。

第五节　煤矿爆破作业新技术、新工艺、新设备、新材料

煤矿爆破新技术、新装备就是在原有技术、装备的基础上，采用物联网技术、智能技术、信息技术等的最新成果，实现智能化、信息化，是非常典型的用信息技术改造传统技术，实现跨越升级。

煤矿爆破新技术、新装备的特点主要有两个：一个是"测得准"，另一个是"必须用"。"测得准"解决了原有技术测不准，数据不可靠问题，也就避免了相关事故。"必须用"确保操作人员使用，不用就不能正常作业，从而实现了对作业人员和作业全过程的监督和控制，确保《煤矿安全规程》的执行不打折、不动摇。

煤矿爆破新技术、新装备主要有如下几个方面。

一、爆破监控系统技术

1. 智能煤矿井下爆破监控系统

智能煤矿井下爆破监控系统是为实现"爆破的本质安全，不安全就不能爆破"而研发的新一代智能安全爆破系统。该系统以智能技术为依托，自动监测、自动控制，实现了煤矿井下爆破管理从"措施管理"到"本质安全"管理的飞跃，最终目标是实现煤矿井下爆破的本质安全。推广使用智能煤矿井下爆破监控系统，实现爆破的本质安全，将降低煤矿安全事故，意义极其重大。

智能爆破监控系统具有"十个不能，一个监控"功能。

1）十个不能

（1）安全距离不够，就不能爆破。该功能是通过信息发爆器和安全位置标识器的综合作用实现的，使用时按照《煤矿安全规程》规定设定好安全起爆位置，在爆破安全位置处设定安全位置标识器，信息发爆器只有在收到设定的安全位置标识器发出的信号时，才能启动进入工作状态，否则，不工作。

（2）不进行三人连锁，就不能爆破。三人连锁实现两个功能：一是《煤矿安全规程》规定的三人连锁人员（班长、瓦检员、爆破员）必须到现场并完成规定工作；二是如果操作过程中，有人突然离开，系统自动闭锁。

人员识别是通过虹膜识别技术实现的，虹膜识别技术是目前最适用于井下人员识别，而且也是识别准确率最高的技术。

人员突然离开就停止起爆作业是采用连锁卡和信息发爆器的联合作用实现的，爆破时，三人连锁人员必须在发爆器附近且有人离开，系统将自动终止作业。此项技术，可以避免班长等违章误入爆破警戒区域所造成的伤害事故。

（3）有人在危险区域，就不能爆破。在爆破警戒区域安装人员监视器，人员监视器可以用来监测矿灯灯光和人员所携带的识别卡，监控人员进出和是否有人在危险区域。一旦发现危险区域有人就自动闭锁，不能起爆。

（4）警戒人员不到位，就不能爆破。在警戒位置安装人员监视器，就是爆破时，系统首先监测警戒点的警戒人员是否到位，如果警戒人员不到位系统就自动闭锁，不能爆破。

（5）瓦斯浓度超限，就不能爆破。瓦斯检测值通过两个方面获得：一是由现场悬挂的无线甲烷传感器获得，无线甲烷传感器由爆破员携带，也可以悬挂在现场可能有瓦斯浓度超限的地方，该传感器采用无线传输的方式将瓦斯数据传输到爆破监控系统；二是从煤矿现有安全监控系统的地面主机获取瓦斯数据，瓦斯数据一旦超标，则系统自动闭锁，不能爆破。

（6）网路电阻不合格（可能有拒爆），就不能爆破。系统自动监测爆破网路电阻，发现不合格，就自动闭锁，不能起爆。这种不合格状态有 3 种情况：一是数值超标，就不能爆破；二是数值虽然不超标，但是一直在波动，就不能爆破；三是数值虽然不超标，但是一直在升高，就不能爆破。

（7）粉尘超限，就不能爆破。当粉尘浓度超限时，系统自动闭锁不能爆破。煤尘数据通过两个方面获得：一是在系统上直接接入煤尘传感器，直接由传感器控制起爆系统；二是系统读取其他粉尘监控系统的数据。

（8）喷雾设施没有打开，就不能爆破。起爆前，系统自动给智能喷雾设施发出开启命令，在起爆前一定时间（几秒或者几分钟）内自动开启喷雾设施，并接收到喷雾信号后，才可以起爆。

（9）没有停动力电，就不能爆破。系统自动接收工作地点的供电继电器是否有供电的信号，没有停止供电时，系统自动闭锁，不能爆破。

（10）工作地点的风量不足，就不能爆破。系统接受起爆地点的风速数据，风速（风量）不够，就不能起爆。

2）一个监控

地面监控指挥中心可以对井下爆破全过程进行实时监控，可以在爆破前通过权限中止井下爆破作业。各级领导可以通过网络实时监控爆破的全过程。

2. 智能短距离掘进（临时）爆破监控系统

智能短距离掘进（临时）爆破监控系统是针对机械化程度高，爆破掘进一般只在联络巷道施工的实际情况而研发设计的。总体原则是实现"爆破本质安全，不安全就不能爆破"。同时，针对短距离掘进的实际情况，按照设备尽量少，接线、移动方便的原则设计完成。

该系统整体设备少、紧凑、安装使用方便，适用于对短距离工作面、临时爆破地点，以及其他少量应急爆破作业的监控。

该系统由区域控制器（含安全距离定位功能）1 台、虹膜识别三人连锁仪 1 台、人员监视器 1 台、3 人连锁卡若干（根据实际情况配置）、信息发爆器 1~3 台、无线甲烷传感器等组成。地面有主机 1 台，接口 1 个。

使用时，不需要井上下连接布线，爆破现场设备少，连线简单、方便、高效。

该系统能实现以下功能：

（1）安全距离不够，就不能爆破。

（2）网路电阻不合格可能有拒爆，就不能爆破。

（3）不进行 3 人连锁，就不能爆破。

（4）有人在危险区域内，就不能爆破。

（5）瓦斯浓度超限，就不能爆破（需要连接现场的甲烷传感器或携带无线甲烷传感器）。

（6）数据存储功能。

（7）数据上传管理功能。可以连接爆破监控系统，实现数据实时上传；可以将发爆器带到地面，将数据上传给主机，实现对爆破作业的信息管理。

（8）可扩展功能。可以根据矿方要求增加相关传感器（粉尘、风速、喷雾等）来实现爆破安全监控。

（9）数据分析功能。可以对爆破过程进行数据分析，分析爆破失败的原因。

二、矿用数码爆炸物品（雷管）技术

1. 智能（信息）发爆器

发爆器是爆破作业的主要仪器，在爆破事故预防方面具有重要作用。智能（信息）发爆器是传统发爆器的替代产品，在技术和功能方面实现了升级。

（1）电子开关克服了传统发爆器机械开关的冲能释放的断层、波谷，避免了拒爆事故的发生。

（2）电子开关避免了传统发爆器机械开关随着使用时间的增加，越来越严重的接触不良、不稳定等开关故障，避免了误起爆事故。

（3）实现网路电阻自动测量，不合格自动闭锁，避免了使用传统发爆器时的爆炸物品（雷管）不合格、网路电阻不合格造成的拒爆事故。

（4）冲能根据爆炸物品（雷管）数量和网路电阻自动调节，避免了传统发爆器的冲能过大，以及冲能不足造成的电火花、短路拒爆等事故。

（5）可以远程控制爆破，最远控制距离在 10 km 以上。

（6）可以与三人连锁仪连接，可以与拒爆预防仪、拒爆探测仪等连接，可以与爆破监控系统连接，实现多项自动控制功能，实现不安全就不能爆破，确保爆破安全。

2. 智能爆炸物品（雷管）用量检测仪（智能盲炮预防仪）

现行的爆炸物品（雷管）管理信息系统，实现了从爆炸物品（雷管）的购买到领用的监控。但是，领用人将领用的爆炸物品（雷管）使用了吗、用到了什么地点、用了多少都没有办法监控。

智能爆炸物品（雷管）用量检测仪，能够自动监测爆炸物品（雷管）的使用地点（井下通过定位系统、爆破监控系统或者设置地点监控），自动监控实际装入炮孔的爆炸物品（雷管）用量，该用量能自动与发放管理系统联网，实现对爆炸物品（雷管）使用全过程的监控。

该仪器也可作为智能盲炮预防仪使用，避免拒爆事故，保障爆破安全。

3. 智能爆炸物品（雷管）导通装置

爆炸物品（雷管）质量是引发拒爆的最重要原因之一。按规定，必须在使用前对爆炸物品（雷管）质量进行检查，不合格的不能使用。但现实中由于对导通工作缺乏有效监督，往往不能够认真执行。

爆炸物品（雷管）导通装置是一种对导通工作过程和结果进行全程监控，并将结果自动传入发放子系统的装置。

该装置在安全管理方面具有重要贡献：

（1）对导通全过程进行监视和数据监控，确保导通工作进行。

（2）对不合格的爆炸物品（雷管）报警提示报废。

（3）导通爆炸物品（雷管）数据进入发放系统，不导通爆炸物品（雷管）不能发放。

4. 智能盲炮探测仪

盲炮也称为拒爆，是指爆破过程中爆炸物品（雷管、炸药）没有爆炸的现象。拒爆致使爆炸物品（雷管、炸药）遗留在炮孔中，一方面使爆破作业不能实现工程目标，另一方面拒爆的处理极容易引起爆破事故。据不完全统计，仅在煤矿每年都有数十人死于拒爆事故。

智能盲炮探测仪（以下简称探测仪）是 KJ387（A）型煤矿连锁爆破管理系统的主要配套产品（也可以单独用于探测拒爆），具有科技含量高、标准高、要求高的特点。它能够在包括煤炭企业在内的大多数矿山使用，能适应井下严酷的生产环境，是矿用本质安全型产品。

其功能、特点如下：

（1）探测仪电路完全采用本安设计、低电压、低功耗，确保了煤矿井下安全使用。

（2）仪器具有对爆炸物品（雷管）、角线、探测位置坐标、探测时间等参数的综合判断，同时自动消除浮着表面等的干扰，识别是否存在拒爆，实现现场报警、数据远程传输等功能。

（3）实现对探测与否、探测结果的监控，自动将探测与否、探测部位、探测结果传输给爆破监控网络系统，没有探测或者探测位置不对，或者没有处理拒爆，系统就自动报警提示，不准继续下一步作业、实现自动监管，杜绝事故的目的。

拒爆探测的步骤是：爆破后清理浮矸→全断面初探→对异常报警部位详探→剔除杂音→标定拒爆→报警提示→处理完拒爆——解除报警。

5. 虹膜识别三人连锁仪

虹膜识别三人连锁仪用于爆破管理现场。人员录入时，可以将三人连锁的爆破员、班组长、瓦检员三类人员按照类别全部录入，爆破前必须进行操作人员的虹膜识别，确保《煤矿安全规程》规定的人员到位，并将人员识别结果自动传输到智能发爆器（通过爆破监控系统也可以实现），做到"不三人连锁就不能爆破"，有效地杜绝了不三人连锁的违章爆破行为。

6. 智能爆破杂散电流防治效果测试仪

该仪器一方面对杂散电流进行测量，另一方面对杂散电流的预防效果进行测量，实现杂散电流超标就不能起爆的双重控制，使用时测量杂散电流，同时检测消除杂散电流的措施是否到位，并将检测结果记录、无线传输给系统或者直接传输给信息发爆器，实现不检测杂散电流及处理杂散电流的措施不到位就不能起爆。

测试过程中，首先对测量地点、测量人员进行识别，防止操作人员不检测或者检测地点不符合要求等违章行为，保障安全可靠。

测量时要测量装药炮眼岩壁上至少10个点的数据，不合格就自动闭锁。

该仪器适宜测试煤矿井下、做炮头前、导通试验前、爆破前电流及电压的检测，以及预防杂散电流措施是否到位的检测，超前预防杂散电流放电引起的爆炸物品（雷管）早爆。

该仪器具有无线通信功能，将检测结果传输到爆破监控系统或者信息发爆器，实现超限自动闭锁，不能起爆。该仪器也可以将检测结果传输到地面主机，对是否检测，以及检测位置是否合适等工作情况实现自动监控。

三、煤矿新工艺、新技术、新装备发展趋势

1. 煤矿爆破技术装备的发展方向

全面淘汰现有落后设备，采用智能化爆破技术装备，促进安全水平快速提高，具体装备如下：

（1）全面装备智能化的爆破监控系统及其附属设备，实现对爆破全过程的智能监控，实现"本质安全爆破，不安全就不能爆破"。

（2）全面装备智能化检测质量、智能化爆炸物品（雷管）实际用量、智能化爆炸物品（雷管）领用退管闭合管理系统、智能化库房监控系统等。

2. 未来 10 年爆破技术的发展趋势

爆破技术的发展趋势是实现智能化，实现远程监控、远程操作，实现现场无人值守，提高效率，保障安全，具体包括以下几个方面：

（1）爆炸物品智能化。包括智能数码爆炸物品（雷管）、智能爆炸物品（炸药），采用信息技术加密措施，使非正常发放的爆炸物品无法使用。

（2）爆破作业智能化。包括钻眼、装药、连线的智能化，无人值守，由机器人完成装药、连线、起爆等工作，将人从危险环境中解放出来。

（3）存储、发放管理智能化。实现对库房管理的智能控制，实现爆炸物品的存储、发放由机器人来完成，杜绝人工储存、发放中的违章因素。

从本质安全的角度上讲，煤矿井下全面淘汰爆破工艺，实现机械化破岩作业，是防止井下爆破事故发生的最根本措施。

第三章　爆破作业及其事故的预防与处理

第一节　爆破作业说明书的内容、作用及爆破作业图表的编制

一、爆破作业说明书的作用

爆破作业说明书是采掘工作面作业规程的主要内容之一，是指导、检查和总结爆破工作的技术文件，是爆破作业贯彻《煤矿安全规程》的具体措施，是爆破工进行爆破作业的依据。

由于煤矿井下的地质条件复杂多变，各个作业点的岩石性质和构造情况不尽相同，且赋存及涌出瓦斯、含水、涌水情况各异，爆破作业形成的巷道或硐室的用途或质量要求也不相同。为了提高爆破效果，减少爆炸物品的消耗，同时也为了避免因爆破参数和工艺选择不当而造成安全事故，煤矿井下每一个爆破地点都应根据所在地点的围岩性质、构造情况及瓦斯涌出量等情况编制爆破作业说明书。

爆破作业前，爆破工应认真阅读爆破作业说明书，熟悉说明书要求的爆破参数、爆破条件，以及爆破后要达到的要求。

二、爆破作业说明书的内容及其编制

1. 《煤矿安全规程》对爆破作业说明书的规定

《煤矿安全规程》第三百四十八条　爆破作业必须编制爆破作业说明书，并符合下列要求：

（1）炮眼布置图必须标明采煤工作面的高度和打眼范围或者掘进工作面的巷道断面尺寸，炮眼的位置、个数、深度、角度及炮眼编号，并用正面图、平面图和剖面图表示。

（2）炮眼说明表必须说明炮眼的名称、深度、角度，使用炸药、雷管的品种，装药量，封泥长度，连线方法和起爆顺序。

（3）必须编入采掘作业规程，并及时修改补充。

钻眼、爆破人员必须依照说明书进行作业。

2. 爆破作业说明书的内容

具体地讲，爆破作业说明书应包括以下几个方面的内容：

（1）简单描述巷道的特征（名称、用途、位置、断面形状和尺寸、坡度等），穿过岩石的名称、地质条件和岩石的物理力学性质，矿井瓦斯等级和通过岩层含瓦斯情况等。

（2）选择钻眼机械、钻眼工具和其他钻眼设备。

（3）选择爆破材料。炸药的安全等级应与矿井或工作面瓦斯等级匹配；应选用煤矿许用电雷管，严禁使用"三不同"（不同工厂、不同品种、不同批号）电雷管。

（4）设计钻眼爆破参数。钻眼爆破参数包括掏槽形式和掏槽爆破参数、光面爆破参数、崩落眼爆破参数。参数设计后，一要绘制炮眼布置正面图、平面图和剖面图，并标明炮眼编号；二要编制炮眼说明表，表中注明炮眼的名称、深度、眼间距、角度、装药量，封泥长度及起爆顺序等。

（5）计算爆破网路。

（6）爆破采取的各项安全措施。

在实际爆破作业中，由于工作面条件复杂多变，当爆破条件发生变化时，应及时修改爆破作业说明书的内容，使爆破作业说明书的内容尽量与实际情况相适应。

爆破作业说明书中的爆破作业图表是在正确决定各种爆破参数的基础上，编制的指导和检查钻眼爆破作业的技术文件，包括炮眼布置图、装药结构图、炮眼布置参数、装药参数的表格、预期的爆破效果和经济指标等。

在编制掘进工作面爆破作业说明书时，为了使爆破作业图表能够符合客观实际，在编制之前必须尽可能全面地掌握有关资料。需要掌握的资料主要是地质资料和技术资料。地质资料主要有：巷道的围岩条件，包括组成巷道围岩的各岩层厚度和岩性特征，以及强度特征；巷道围岩的裂隙发育情况及含水情况；瓦斯及煤尘情况等。技术资料主要有：本单位掘进巷道使用的钻眼设备的种类及技术性能；本地区能够供应的炸药品种及性能参数；巷道断面设计及施工要求；工人技术水平及施工单位组织管理水平等。

编制爆破作业图表首先应确定各个爆破参数，主要参数有：岩石性质和巷道掘进断面、炮眼深度、炮眼数目、掏槽方式和掏槽参数、爆破参数、装药结构和起爆顺序等。当所有的爆破参数确定后，就可以绘制炮眼布置图，填写炮眼说明表和预期爆破效果表。爆破作业图表编制完成后，还需要通过若干循环的爆破实践加以修正，使其更趋合理。当工作面的地质条件发生变化时，也应及时对爆破图表进行修改。

3. 爆破作业说明书编制实例

某矿 −430 m 岩石流水巷爆破作业说明书。

（1）地点：某矿 −430 m 岩石流水巷。

（2）掘进断面积：11.5 m²。

掘进宽度：4.9 m。

掘进高度：3.2 m。

（3）断面形状：直墙半圆拱。

（4）巷道坡度：平岩5‰。

（5）岩质：硬质凝灰岩，中等稳定，$f = 4 \sim 6$。

（6）每循环进度：1.7 m。

（7）炮眼深度：1.8 m。

（8）瓦斯情况：无。

（9）涌水及淋水：无。

（10）使用炸药品种与规格：

周边眼：使用一级煤矿乳化炸药，ϕ20 mm × 150 g。

其余炮眼：使用一级煤矿乳化炸药，ϕ35 mm × 200 g。

（11）发爆器能力：100 发。

（12）爆破方式：预留周边眼二次爆破。

（13）施工方法：预留周边眼二次爆破。

（14）炮眼布置图：图 3−1。

（15）炮眼说明表：表 3−1。

表 3−1　炮眼说明表

眼名	眼号	个数/个	眼深/mm	角度/(°)		装药量		炮泥长度/mm	起爆顺序		连线方式
				水平	垂直	卷数/孔	合计/kg				
中空眼	1	1	2000	90	90	0	0	0			
角柱掏槽眼	2～5	4	2000	90	90	8	4.8	500	Ⅰ		
辅助眼	6～9	4	1800	90	90	6	3.6	600	Ⅱ		
三圈眼	10～15	6	1800	90	90	6	5.4	600	Ⅲ	一	
二圈眼	16～26	11	1800	90	90	6	9.9	600	Ⅳ		
底眼	27～31	5	1800	90	85	6	4.5	600	Ⅴ		
底角眼	32～52	2	1800	90	85	6	0.6	600	Ⅵ		
周边眼	33～51	19	1800	90	85	2	5.7	500	瞬发	二	
合计		52	14800				34.5				

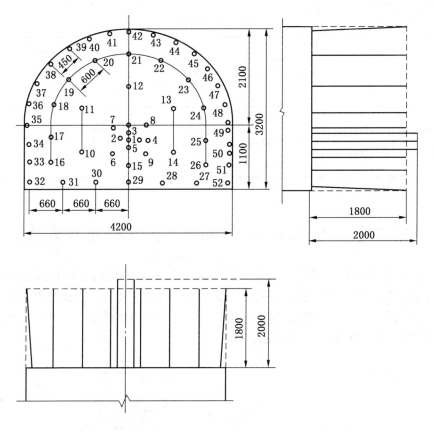

图 3-1 炮眼位置图（单位：mm）

（16）预期爆破效果表：表 3-2。

表 3-2 预期爆破效果

序号	项　目	数量
1	掘进断面/m²	11.5
2	掘进进度/m	1.6
3	每循环掘进岩石量/m³	18.4
4	每循环炸药消耗量/kg	34.5
5	1 m³ 岩石炸药消耗量/(kg·m⁻³)	1.87
6	每循环雷管消耗量/个	52

表3-2（续）

序号	项　目	数量
7	1 m³ 岩石雷管消耗量/(个·m⁻³)	2.82
8	炮眼深度/m	1.8
9	炮眼利用率/%	88.8
10	每循环炮眼消耗量/m	94.6
11	1m³ 岩石炮眼消耗量/(m·m⁻³)	5.14

表3-2（续）

序号	项　目	数量
7	$1\ m^3$ 岩石雷管消耗量/(个·m^{-3})	2.82
8	炮眼深度/m	1.8
9	炮眼利用率/%	88.8
10	每循环炮眼消耗量/m	94.6
11	$1m^3$ 岩石炮眼消耗量/(m·m^{-3})	5.14

第二节　爆破作业操作的准备、程序和方法

《煤矿安全规程》第三百四十七条　井下爆破工作必须由专职爆破工担任。突出煤层采掘工作面爆破工作必须由固定的专职爆破工担任。爆破作业必须执行"一炮三检"和"三人连锁爆破"制度，并在起爆前检查起爆地点的甲烷浓度。

爆破作业工序如图3-2所示。

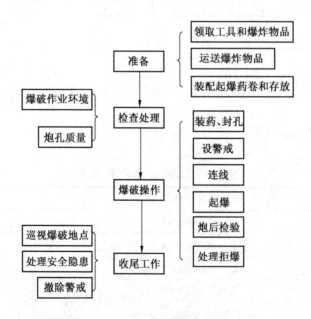

图3-2　爆破作业工序

爆破作业准备流程如图3-3所示。

一、爆炸物品领用、运送

1. 爆炸物品领用、运送流程

爆炸物品领用、运送是爆破工作的一个重要环节，爆破工必须遵守《煤矿安全规程》和《爆破作业规程》有关要求和规定，保证领用、运送爆炸物品过程的安全。

爆炸物品领用、运送流程如图3-4所示。

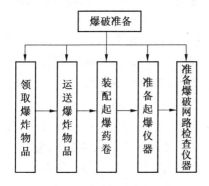

图3-3 爆破作业准备流程

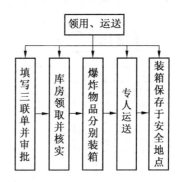

图3-4 爆炸物品领用、运送流程

2. 爆炸物品领用、运送要求

（1）根据爆破作业说明书，结合本班爆破工作量提出申请爆炸物品的品种、规格和数量，填写三联单，经班组长审批后盖章，到爆炸物品库领取爆炸物品，并核实品种、规格和数量。

（2）炸药和电雷管应分别放在2个专用背包（木箱）内，禁止装在衣袋内。电雷管必须由爆破工亲自运送，炸药应由爆破工或在爆破工的监护下由其他人员运送。领到爆炸物品后，应直接送到爆破地点，禁止途中停留。

（3）爆炸物品运送到工作地点后，按照《煤矿安全规程》第三百五十四条的规定：爆破工必须把炸药、电雷管分开存放在专用的爆炸物品箱内，并加锁，严禁乱扔、乱放。爆炸物品箱必须放在顶板完好、支护完整、避开有机械、电气设备的地点。爆破时必须把爆炸物品箱放置在警戒线以外的安全地点。

二、起爆药卷装配

按照《煤矿安全规程》第三百五十六条规定：装配起爆药卷时，必须遵守下列规定：

（1）必须在顶板完好、支护完整，避开电气设备和导电体的爆破工作地点附近进行。严禁坐在爆炸物品箱上装配起爆药卷。装配起爆药卷数量，以当时爆破作业需要的数量为限。

（2）装配起爆药卷必须防止电雷管受震动、冲击、折断电雷管脚线和损坏脚线绝缘层。

（3）电雷管必须由药卷的顶部装入，严禁用电雷管代替竹、木棍扎眼。电雷管必须全部插入药卷内。严禁将电雷管斜插在药卷的中部或者捆在药卷上。

（4）电雷管插入药卷后，必须用脚线将药卷缠住，并将电雷管脚线扭结成短路。

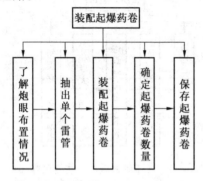

图3-5 起爆药卷装配流程

1. 起爆药卷装配程序

起爆药卷装配流程如图3-5所示。

2. 装配起爆药卷程序要求

1）了解炮眼布置情况

装配起爆药卷前，应了解炮眼布置数，清点爆破工具，然后开始装配起爆药卷。

2）从成束电雷管中抽出单个电雷管

正确的操作方法是：应先将成束的电雷管脚线理顺，然后用一只手捏住电雷管脚线尾端，另一只手将电雷管管体放在手中心，大拇指和食指捏住管口一端脚线，均匀地用力拉住前端脚线把电雷管抽出。

从成束电雷管中抽取单个电雷管时，如果仅抓住电雷管管体硬拽脚线，极容易造成封口塞松动、2根脚线错动，致使桥丝崩断或引火药头脱落，造成电雷管拒爆，有时甚至造成高敏感度的药剂与管体内壁摩擦而发生爆炸。

3）装配起爆药卷的操作方法分类

装配起爆药卷时，电雷管只许由药卷顶部（非聚能穴端）装入，装入方法有两种，如图3-6所示。

4）起爆药卷数量的确定

起爆药卷数量应以当时爆破工作面的需要数量为限，用多少装配多少。

5）起爆药卷的保存

爆破工必须把炸药、电雷管分开存放在专用的爆炸物品箱内。装配好的起爆药卷也要整齐摆放在容器内，清点数目，并加锁，严禁乱扔乱放。爆炸物品箱必须放在顶板完好、支架完整、避开机械和电气设备的地点。爆破时，必须把爆炸

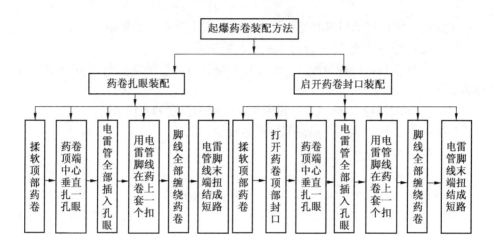

图 3-6 起爆药卷装配方法分类

物品箱放到警戒线以外的安全地点。

三、爆破检查处理

爆破检查处理内容如图 3-7 所示。

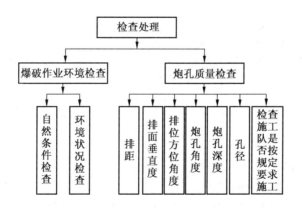

图 3-7 爆破检查处理内容

1. 爆破作业环境检查

爆破前应对爆区周围的自然条件和环境状况进行调查，了解可能因爆破造成的危及环境安全的因素，预先采取必要的安全防范措施。

装药前，应检查下列内容是否符合《煤矿安全规程》的规定：

（1）爆破地点附近 20 m 以内风流中瓦斯浓度。

（2）采掘工作面的控顶距离，煤岩体的稳定性；爆破地点附近 10 m 内支架是否加固、齐全、完好。

（3）在爆破地点 20 m 以内巷道断面、炮眼内温度和瓦斯情况。

（4）采掘工作面风量，局部通风机运转状况。

（5）设备保护情况。

（6）洒水降尘情况。

爆破作业场所有下列情形之一时，不得进行爆破作业：

（1）爆破作业地点附近 20 m 以内风流中瓦斯含量达到或超过 1%，有瓦斯突出征兆的。

（2）硐室、炮孔温度异常的。

（3）工作面风量不满足要求，局部通风机停止运转的。

（4）作业通道不安全或堵塞的。

（5）支护规格与支护说明书的规定不符或工作面支护损坏的。

（6）危险区边界未设警戒的。

（7）未按《煤矿安全规程》的要求做好准备工作的。

2. 炮眼质量验收检查

炮眼质量验收检查内容及方法如下：

（1）排距。用线绳拉好相邻两排的方向线，然后量出两方向线之间的垂直距离。排距验收必须在测量人员现场放出排位后，中孔及炮孔施工前进行。

（2）排面垂直度。用垂球法进行验收。

（3）排位方位角度。检查炮孔方位角度与测量给出的排位方位角度是否一致，误差多少。

（4）炮孔角度。用半圆仪进行验收。

（5）炮孔深度。用 PVC 管或木制折尺验收。

（6）孔径。通常用炮棍进行检查。

以上检查内容的标准，应符合爆破作业说明书的要求。用压风或掏勺将炮眼内的煤（岩）粉清除干净。

四、正确连接爆破网路

按照本书第二章第一节电爆网路的连接方法正确连线。

五、爆破网路检测

《煤矿安全规程》第三百六十六条 每次爆破作业前，爆破工必须做电爆网路全电阻检测。严禁采用发爆器打火放电的方法检测电爆网路。

1. 导通测试

1）导通表的用法

光电导通表内部电源为硒光电池或硅光电池，在矿灯光线或其他光线的照射下，最高可产生 0.5 V 电压；无光线照射，则不产生电压。使用时，先用矿灯照射光电电池，同时使被测物件两端分别与导通表的两个金属片相接触，回路接通，检流表指针若转动，则表示被测物件导通。

光电导通表具有结构简单、体小轻巧、操作方便、使用安全的优点，可确保电雷管导通测量的绝对安全。缺点是必须避光存放，且不能读取实际电阻值。

目前，MFB-200 型电容式发爆器配有导通器。做电爆网路导通检查时，把爆破母线的两根导线分别搭在导通器的两个触点上，灯亮，则表示爆破网路通；灯不亮，则表示网路断路。需要指出的是，发爆器配有的导通器，在正常情况下尽管电流、电压很小，但不能用来直接测定电雷管，以防发爆器的电流窜入导通器内，造成电雷管爆炸。

2）爆破线路电桥的使用

检测时先把电雷管脚线或电爆网路的母线接在电桥的 2 个接线柱上，使转换开关指向"雷管"或"网路"，再用手指压下按钮，同时旋转分划盘。若检流表的指针不动，则说明电雷管或网路不通；若检流表的指针摆动，则说明电雷管或网路导通；当检流表指针居中时，即可松开按钮，此时指针所指分划盘上的读数，即为被测的电雷管或电爆网路的电阻值。

2. 电阻测试

爆破前，对电爆网路做全电阻检测，可使用线路电桥仪进行测试，如 205-1 型爆破线路电桥。

在爆破母线与起爆电源或发爆器连接之前，必须测量全线路的总电阻值。总电阻值应与实际计算值相符合（允许误差 ±5%）。如不相符合，禁止连线，应当立即排除爆破网路的电阻故障。

导致爆破网路电阻值不准确的原因是：接头连接质量不好；网路线路接错或漏接电雷管；裸露接头相互距离过近，搭接或接头与岩石和水接触造成短路等。

排除方法是：分析和目视检查全部线路和接头，检查可能发生故障的地点，采用专用爆破电桥（工作电流不超过 30 mA）检查测定。

如果采用上述方法仍未找出故障点，可采用1/2淘汰法寻找，即把整个爆破网路分为2部分，分别测出这2部分的电阻，并与计算值比较，正常的网路部分甩开，不正常的网路部分再分为2部分。按此法检测，不断缩小故障区范围，直到找出故障并加以排除为止。

采用1/2淘汰法排除检查故障要自始至终用同一个专用爆破电桥，不得用发爆器上的检测部分代替。在工作面严禁检测由10发以下电雷管组成的串组，以免发生意外引爆事故。参加检测人数不应超过1~2人。

六、正确使用起爆仪器

1. 《煤矿安全规程》对起爆仪器的相关规定

《煤矿安全规程》第三百六十五条　井下爆破必须使用发爆器。开凿或者延深通达地面的井筒时，无瓦斯的井底工作面中可使用其他电源起爆，但电压不得超过380 V，并必须有电力起爆接线盒。

发爆器或者电力起爆接线盒必须采用矿用防爆型（矿用增安型除外）。

发爆器必须统一管理、发放。必须定期校验发爆器的各项性能参数，并进行防爆性能检查，不符合要求的严禁使用。

《煤矿安全规程》第三百六十八条　发爆器的把手、钥匙或者电力起爆接线盒的钥匙，必须由爆破工随身携带，严禁转交他人。只有在爆破通电时，方可将把手或者钥匙插入发爆器或者电力起爆接线盒内。爆破后，必须立即将把手或者钥匙拔出，摘掉母线并扭结成短路。

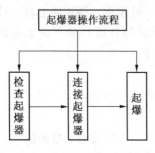

图3-8　发爆器爆破
作业操作流程

2. 使用发爆器进行爆破作业的操作流程

使用发爆器进行爆破作业时，操作流程如图3-8所示。

3. 发爆器的检查、使用

电容式发爆器部件小、结构严密，由于井下使用条件和环境所限，往往因检查、使用、保管和维护不当而造成部件损坏，改变或失去起爆和防爆能力，影响安全使用。爆破工在使用发爆器时，必须做到经常检查、合理使用和妥善保管。

1）发爆器的检查

下井前领取发爆器时，应对发爆器做全面检查，主要检查以下方面：

（1）应检查发爆器的外壳是否有裂缝，固定螺丝是否上紧，接线柱、防尘小盖等部件是否完整，毫秒开关是否灵活，发现发爆器防爆性能失效时，应立即更换。另外，还要对发爆器的工作性能做检查，应检查发爆器的输出电能，并对氖气灯做一次试验检查，如果氖气灯在少于发爆器规定的充电时间内（一般在12 s以内）闪亮，表明发爆器正常；如果输出电能不足或充电时间过长，应更换发爆器或电池。若发现氖气灯不亮，应及时更换。

（2）若使用时间过长，应检查它能否在3~6 ms内输出足够的电能和自动切断电源。

（3）电容式发爆器应定期检查，检查时用新电池作电源，测量输出电流和主电容器充电电压，以及充电时间。若测量数据低于额定值则为不合格，应进行大修。

2）发爆器的使用

（1）用前检查。爆破母线与发爆器连接前，应先检查氖气灯在规定时间内是否发亮，若在规定时间内发亮，证明发爆能力正常。若氖气灯不亮，不能敲打或撞击，应及时更换。

（2）接线要求。爆破工在接到班组长发出的爆破命令后，经检查后瓦斯浓度不超限、确认人员已全部撤离、达到爆破要求，并发出规定的爆破信号后，方可解开母线接头接到发爆器接线柱上，以免因主电容残余电荷全部泄放，发生早爆伤人事故。

（3）起爆操作。将开关钥匙插入毫秒开关内，按逆时针方向转至"充电"位置，氖气灯亮后，立即按顺时针方向转至"放电"位置。如果不立即转至"放电"位置，不但浪费电能，而且由于主电容端电压继续上升，可能引起发爆器内部元件损坏。起爆后，开关要停在"放电"位置上，拔出钥匙，由爆破工自己保管，并把母线从发爆器上取下，扭成短路，挂好。每次爆破后，应及时将防尘小盖盖好，防止煤尘或潮气侵入。

3）MFBB型发爆器的使用方法

（1）入井前在井上把电池装入发爆器内，并拧紧固定螺丝使其密封防爆。

（2）取下防尘帽，把专用钥匙插入开关内，将开关转到充电位置。

（3）如果绿灯亮，表明网路连接不好或短路，此时发爆器不能充电；如果红灯亮，表明网路电阻在规定的负载电阻范围内，发爆器开始充电；充电到红绿灯交替闪烁时，表明充电完毕，可迅速将开关扭到"放电"位置引爆电雷管。

（4）在地面检查发爆器时，将接线端子两端连接在发爆器参数仪的输入端子上，在额定负荷电阻范围内，发爆器应正常充电，红灯亮。充电到红绿灯交替闪烁时，将开关转到爆破位置，这时，参数仪显示的引燃冲量，应不低于8.7 A·ms，供电时间不大于4 ms。如果将发爆器端子短路、断路或使负载电阻值大于额定负荷电阻（620 Ω），则发爆器应当闭锁，不能工作。

（5）MFBB 型发爆器在使用时应注意：①爆破前要检查爆破母线，若有错接头一定要接好，并用胶布包扎牢固，用万用表测母线电阻不得大于 15 Ω，要防止接头锈蚀增大母线电阻，因网路电阻超限而闭锁；②发爆器发生故障时，不论其程度如何，严禁在煤矿井下检修，应交专门维修部门由专业人员检修；③红绿灯不交替闪烁时，不准爆破。

七、爆破操作

爆破操作流程如图 3 - 9 所示。

1. 装填炸药

1）装药操作时的方法和步骤

当爆破工确认符合装药条件后，可以进行装药，操作步骤如图 3 - 10 所示。

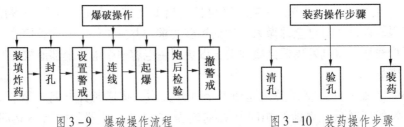

图 3 - 9　爆破操作流程　　　　图 3 - 10　装药操作步骤

（1）清孔。装药前，首先将待装药的炮眼用掏勺或压缩空气吹眼器清除干净其中的煤粉、岩粉和积水，以防煤岩粉堵塞，使药卷无法密接或装不到底。使用吹眼器时，应避免炮眼内飞出的岩粉、岩块等杂物伤人。

（2）验孔。炮眼清理后，再用炮棍检查炮眼的深度、角度、方向和炮眼内部情况。发现炮眼不符合装药要求的，应及时处理。

（3）装药。验孔后，爆破工必须按作业规程、爆破作业说明书规定的各号炮眼的装药量、起爆方式进行装药。各个炮眼的电雷管段号要与爆破作业说明书规定的起爆顺序相符合。装药时，要一手抓住电雷管脚线，另一手用木质或竹质炮棍将放在眼口处的药卷轻轻推入炮眼底，使炮眼内的各药卷间彼此密接，推入时用力要均匀，不能用炮棍冲撞或捣实，以防捣破药卷外皮使炸药受潮或捣响电雷管。对于仰角较大的炮眼，可在药卷后边顶上一段炮泥，一起送入眼底，用炮泥卡住药卷。

正向装药时起爆药卷最后装入，起爆药卷和所有药卷的聚能穴朝向眼底；反向装药时先装起爆药卷，起爆药卷和所有药卷的聚能穴朝向眼口。

装药后，必须把电雷管脚线末端扭结成短路并悬空，严禁电雷管脚线、爆破母线与运输设备、电气设备，以及采掘机械等导电体相接触。

2）装药时的安全注意事项

（1）装药前必须用手将硬化的硝酸铵类炸药揉松，使其不呈块状，但不能将药包纸或防潮剂损坏，禁止使用水分含量超过 0.5% 的铵梯炸药和硬化到不能用手揉松的硝酸铵类炸药，也不能使用破乳和不能揉松的乳化炸药。

不能用手揉散的硬化硝酸铵类炸药，其爆轰及传爆性能显著降低，容易产生残爆、爆燃或拒爆。乳化炸药破乳时，感度降低，尤其是夏季生产的乳化炸药，有时可能产生硬化现象。不能用手揉松的硬化乳化炸药，感度降低。无论哪一种现象都可能产生残爆、爆燃或拒爆，使爆生气体中的一氧化碳生成量增加，容易引燃、引爆瓦斯和煤尘，影响爆破安全和效果，因此，严禁使用上述炸药。

（2）潮湿或有水的炮眼应使用抗水型炸药。这种情况对铵梯炸药尤其重要，因为铵梯炸药吸水受潮后，极易产生拒爆、残爆或爆燃。虽然非抗水炸药常套上防水套，或将一定数量的药卷穿在防水油纸筒里，但装药时，易将防水套划坏，或装药与爆破间隔时间过长，水进入防水套内，使防水套失去作用。同时，防水套在炮眼内参加爆炸反应，改变了炸药的氧平衡，增加了爆生气体中的一氧化碳含量。因此，《煤矿安全规程》第三百五十七条规定：有水的炮眼，应当使用抗水型炸药。

（3）坍塌、变形、有裂缝或用过的炮眼不准装药。坍塌、变形、有裂缝或用过的炮眼都不完整，装药时容易将药卷卡住，不是装不到底，就是互不衔接，而且还容易把起爆药卷的电雷管拽出，或将药卷皮刮破。由于眼壁不规整，炮泥充填不易达到要求。炮眼裂缝泄漏爆生气体，容易引爆瓦斯和煤尘。

（4）装药时要清除炮眼内的煤岩粉，确保孔深，并使药卷彼此密接。

（5）装药时要用炮棍将药卷轻轻推入，并保证聚能穴端部都朝着传爆的方向。

（6）装药时，必须注意起爆药卷的方向，不得装"盖药""垫药"或采用其他不合理的装药结构。

（7）炮眼内不得装 2 个起爆药卷。同一厂家、同一批产品，其同一段电雷管也有一定的误差值，如果把秒量差别较大的电雷管装在同一个炮眼里，眼底的电雷管秒量小先爆，中间的电雷管因秒量大而后爆。先爆的炸药冲击波将外部的起爆药卷抛在自由面外边爆炸，就有可能引爆瓦斯、煤尘，后爆的炸药也无法起到作用而影响爆破效果。井下爆破装药时，1 个炮眼内不得装 2 个起爆药卷。

（8）不得装错电雷管的段数。这是从安全角度和爆破效果来考虑的。如果装错电雷管延期段数，会造成应先爆的未爆，应后爆的却先爆了。原定后爆的炮眼，是按 2~3 个自由面装的药量，由于提前起爆，结果只有一个自由面，抵抗线过大，必然造成放空炮（打洞），无法使工作面形成有效的爆破效果，会影响作业进度和工程质量，容易引爆瓦斯和煤尘。

2. 封孔

1）封泥

炮泥是用来堵塞炮眼的。炮泥的质量好坏、封泥长度、封孔质量直接影响爆破效果和安全。

为了保证封孔质量，封孔时必须使用质量合格的炮泥。

煤矿井下常用 2 种炮泥：一种是在塑料圆筒袋中充满水的水炮泥，简称水炮泥；另一种是黏土炮泥。

（1）水炮泥是将水注入筒状聚乙烯塑料袋并封住口而制成的充填材料。其长度一般为 250~300 mm，直径略小于炮眼直径。炮眼封泥时，塑料袋内应有足够的水量，不得使用漏水的水炮泥。

（2）黏土炮泥是用具有不燃性和可塑性的松散材料制成的。它是由比例为 1:3 的黏土和砂子，加上含有 2%~3% 食盐的水拌和搓制而成的。炮泥应干湿适度，过干或过软都无法使炮泥有足够的可塑性和强度。

（3）严禁用煤粉、块状材料或其他可燃性材料作炮眼封泥。这是因为：①这些材料不是可塑性的，不能起到堵塞炮眼的作用，无法使炮眼堵塞严密，阻止不了爆生气体外逸，容易造成"放空炮"现象；②这些材料具有可燃性，当这些材料参与炸药爆炸反应时，改变了炸药本身的氧平衡关系而变成负氧平衡，从而产生更多的有害气体，并生成二次火焰，引燃、引爆瓦斯或煤尘；③炸药爆炸时，将使燃烧的煤炭颗粒等可燃材料抛出，易引燃瓦斯和煤尘。

2）封孔操作要求

封孔时，要一只手拉住电雷管脚线，使脚线紧贴炮眼侧壁，但不要拉得过紧，防止拉坏脚线或管口；另一只手装填炮泥，最初填塞的炮泥应慢慢用力，轻捣压实；以后各段炮泥须依次用力捣实。装填水炮泥时，紧靠药卷处应先装填 0.3~0.4 m 的黏土炮泥，然后再装水炮泥，水炮泥外边剩余部分，应用黏土炮泥封实。要防止捣破水炮泥，同时注意电雷管脚线应紧靠炮眼内壁，避免脚线被炮棍捣破。

3）炮眼封泥长度

炮眼封泥长度必须符合《煤矿安全规程》的规定。

《煤矿安全规程》第三百五十九条 炮眼深度和炮眼的封泥长度应当符合下列要求：

（1）炮眼深度小于 0.6 m 时，不得装药、爆破；在特殊条件下，如挖底、刷帮、挑顶确需进行炮眼深度小于 0.6 m 的浅孔爆破时，必须制定安全措施并封满炮泥。

（2）炮眼深度为 0.6~1 m 时，封泥长度不得小于炮眼深度的 1/2。

（3）炮眼深度超过 1 m 时，封泥长度不得小于 0.5 m。

（4）炮眼深度超过 2.5 m 时，封泥长度不得小于 1 m。

（5）深孔爆破时，封泥长度不得小于孔深的 1/3。

（6）光面爆破时，周边光爆炮眼应当用炮泥封实，且封泥长度不得小于 0.3 m。

（7）工作面有 2 个及以上自由面时，在煤层中最小抵抗线不得小于 0.5 m，在岩层中最小抵抗线不得小于 0.3 m。浅孔装药爆破大块岩石时，最小抵抗线和封泥长度都不得小于 0.3 m。

3. 设置警戒

1）安全警戒设置要求

爆破时产生的冲击波和飞石足以致人死亡，同时，爆破后产生的炮烟中含有氮氧化物等有毒有害气体，对作业人员有较大危害，而井下流动作业人员，如瓦检工、安全员、维修工等，随时会进入待爆破区域而出现意外伤亡事故。因此，爆破警戒工作是爆破作业的一个重要环节，它是有效防止其他人员误入爆破危险区域直接和间接受到伤害，防止爆破伤人事故发生，保证爆破作业安全的一项重要措施。爆破前必须在所有通入爆炸地点的通道上设置警戒和明显标志，如警戒牌、栏杆或拉绳。

爆破地点至所有通道警戒线的距离（俗称躲炮安全距离），一般应根据爆破场所使用炸药的威力、起爆炸药量、爆破地点与外部环境，如有无拐弯巷道、拐几处、拐弯角度等，进行综合考虑确定。应在这个安全距离之外可能进入爆破地点的所有通路上的安全地点设置警戒线，安排警戒人员，禁止任何人员进入爆破危险区域。

为了做好爆破警戒工作，应做到以下几点：

（1）爆破前，班组长必须亲自布置专人在警戒线和可能进入爆破地点的所有通道上担任警戒人员。

（2）必须指定由责任心强的人当警戒人员，不能由未经培训的工人担任，也不准由爆破工兼任。

（3）警戒人员必须在有掩护的安全地点进行警戒。警戒线必须超过作业规程中规定的避炮安全距离。

（4）警戒线处应设置警戒牌、栏杆或拉绳。

（5）警戒人员应佩戴红色袖标，禁止其他人员进入爆破地点。

（6）警戒人员不准兼作其他工作，不准擅自脱岗，不准打盹睡觉、聊天。

（7）一名警戒人员不准同时警戒两个通路。

（8）贯通巷道相距 20 m，有冲击地压煤巷贯通掘进相距 30 m，实行单向掘进；每次爆破前，两个工作面都必须派专人警戒，并设栏杆。

（9）爆破地点较远或上下山与平巷贯通，要多派一人，待警戒人员就位后，此人返回通知班组长，才能下令爆破。

（10）爆破后，警戒人员要接到口头通知后才能撤回，不准事先约好某种信号（如听几次炮响、晃几下灯或敲几下煤壁等）便私自决定撤回。

（11）爆破未结束，爆破警戒未撤除，任何人都不能进入爆破地点。

2）安全警戒设置的规定

装药警戒范围由爆破工作领导人确定，装药时应在警戒区边界设置明显标志并派出警戒人员。爆破警戒范围由设计确定；在危险区边界，应设有明显标志，并派出警戒人员。执行警戒任务的人员，应按指令到达指定地点并坚守工作岗位。

《煤矿安全规程》第三百六十三条　爆破前，必须加强对机电设备、液压支架和电缆等的保护。

爆破前，班组长必须亲自布置专人将工作面所有人员撤离警戒区域，并在警戒线和可能进入爆破地点的所有通路上布置专人担任警戒工作。警戒人员必须在安全地点警戒。警戒线处应当设置警戒牌、栏杆或者拉绳。

3）安全警戒信号

安全警戒信号是指在爆破前，同时发出的音响和视觉信号。该信号能使有关人员清楚地听到、看到，及时撤出危险区或撤至指定的安全地点。

爆破信号一般应有 3 次，即预警信号、起爆信号和解除信号。

（1）预警信号，一长声。该信号发出后，爆破警戒范围内开始清场工作，所有与爆破无关的人员应立即撤到危险区以外，或到指定的安全地点躲避，并在危险区边界上设立警戒人员。

（2）起爆信号，三急促短声。经现场爆破工作人员检查，确认人员、设备全部撤离危险区，并做好安全防护措施，所有警戒人员到位后，具备安全起爆条件时，方准发出起爆信号。起爆信号发出后，准许负责起爆的人员起爆。

（3）解除信号，一长两短声。安全等待时间过后，检查人员进入爆破警戒范围内检查，确认安全后，方可发出解除爆破警戒信号。在此之前，警戒人员不得撤离，不允许非检查人员进入爆破警戒范围。装药起爆后，警戒人员不能听到炮响后立即撤离岗位，要等爆破工对爆破现场进行检查，确认无危险情况并经现场班组长发出解除爆破警戒信号后，方准撤离。

（4）各类信号均应使爆破警戒区域及附近人员能清楚地听到或看到。

4. 连线

1）《煤矿安全规程》对爆破母线和连接线的规定

《煤矿安全规程》第三百六十四条　爆破母线和连接线必须符合下列要求：

（1）爆破母线符合标准。

（2）爆破母线和连接线、电雷管脚线和连接线、脚线和脚线之间的接头相互扭紧并悬空，不得与轨道、金属管、金属网、钢丝绳、刮板输送机等导电体相接触。

（3）巷道掘进时，爆破母线应当随用随挂。不得使用固定爆破母线，特殊情况下，在采取安全措施后，可不受此限。

（4）爆破母线与电缆应当分别挂在巷道的两侧。如果必须挂在同一侧，爆破母线必须挂在电缆的下方，并保持 0.3 m 以上的距离。

（5）只准采用绝缘母线单回路爆破，严禁用轨道、金属管、金属网、水或者大地等当作回路。

（6）爆破前，爆破母线必须扭结成短路。

2）爆破母线使用注意事项

对爆破母线的使用，除满足《煤矿安全规程》规定外，还应注意以下几点：

（1）爆破母线要有足够的长度，必须大于规定距离。

（2）爆破母线接头不应过多，以免增加网路电阻、断线、漏电或断路故障。每个接头要刮净锈垢后接牢，并用绝缘胶布包好。

（3）发现母线外皮破损，必须及时包扎，避免网路与外界相连，发生漏电、短路或电雷管提前爆炸等意外事故。

（4）严禁用多芯或多根导线作爆破母线。不得用两根材质、规格不同的导线作爆破母线。

（5）在井下，爆破母线要放在干燥安全的地点，使用后要升井干燥、检查，并定期做电阻测定和绝缘性能测定。

3）连线工作的要求和方法

连线工作，应严格按照爆破作业说明书规定的连线方式，将电雷管脚线与脚线、脚线与连接线、脚线（连接线）与爆破母线连好接通，以保证爆破质量，节约爆破作业时间，消除事故隐患。连线的要求和方法如下：

（1）连线前，必须认真检查爆破工作面的瓦斯浓度、顶板、两帮、工作面煤壁及支架情况，确认安全后方可连线。

（2）脚线的连接工作可由经过专门训练的班组长协助爆破工进行。爆破母线连接脚线，检查线路和通电工作，只准爆破工1人操作。与连线无关的人员都要撤离到安全地点。

（3）连线时，其他与连线无关的人员应撤离爆破地点。连线人员应先把手洗净擦干，避免手上的泥灰沾在接头上，增加接头电阻或影响接头导通，然后把电雷管脚线解开，用砂布等将接头裸露处的氧化层和污垢清除干净，按一定顺序从一端开始向另一端进行脚线的扭结连接。如果脚线长度不够，可用规格相同的脚线作连接线。

脚线之间、脚线与连接线之间的接头必须拉紧牢固，不得虚接，并要悬空，不得与任何物体相接触，接头处用绝缘胶布包好，不得留有须头。

当炮眼内的脚线长度不够，需接长脚线时，两根脚线接头位置必须错开，并用绝缘胶布包好，防止脚线短路和漏电。

（4）电雷管脚线之间的连线工作完成后，应认真检查有无错连、漏连，各个接头是否独立悬空，确认连线正确，再与连接线连接。

（5）待爆破工作面人员全部撤离，并验明爆破母线无电流后，再与爆破母线或连接线连接。

（6）连接线与爆破母线正确连接。

（7）在煤矿井下严禁用发爆器检查爆破母线是否导通，这样易产生火花而引爆瓦斯或煤尘。

4）连线方式

煤矿井下爆破连线方式必须按爆破作业说明书的要求进行，不得随意选用其他方式。煤矿井下常用的爆破连线方式主要有：串联、串并联两种方式，具体内容和方法详见本书第二章第一节及安全操作技能模块二。

5. 起爆

安全起爆程序如下：

（1）爆破前，爆破工必须把爆炸物品箱放到警戒线以外，做好爆破准备。

（2）爆破工在检查连线工作无误后，通知班组长布置警戒线。警戒线处应设置警戒牌、栏杆或拉绳。

（3）在有煤尘爆炸危险的煤层中，掘进工作面爆破前，爆破地点附近20 m

的巷道内，必须洒水降尘。

（4）爆破前，必须加强对机器、液压支架和电缆等的保护或将其移出工作面。

（5）班组长在认真检查顶板、支架、上下出口、风量、阻塞物、工具设备、洒水等爆破准备工作无误，符合爆破要求条件时，负责组织人员撤离到规定的安全地点、布置警戒、清点人数。

（6）班组长必须清点人数，确认无误后，瓦斯检查工对爆破地点附近 20 m 内风流中的瓦斯浓度进行检查，瓦斯浓度在 1% 以下、煤尘符合规定后，方准下达起爆命令。

（7）检查线路和爆破通电工作只准爆破工 1 人操作。爆破前，爆破工应先用导通表或爆破电桥，以及欧姆表检查爆破网路是否导通、电阻是否过大，若网路不通或电阻过大，必须查清原因。

（8）爆破工接到爆破命令后，才允许将爆破母线与连接线（或脚线）进行连接。爆破母线与电雷管脚线连接后，爆破工即吹口哨并大声叫喊"要爆破啦"；待其他人员离开后，爆破工才最后离开爆破地点，并必须在安全地点起爆；起爆地点到爆破地点的距离必须在作业规程中具体规定。爆破工、警戒人员和其他人员都必须躲在有支架、物体等掩护体和支护、通风良好的安全地点。若网路正常，爆破工接到起爆命令后，必须先发出爆破警号，高喊数声"爆破啦"或鸣笛数声，至少再等 5 s，方可起爆。

（9）爆破时，先将爆破母线扭结解开，牢固地接在发爆器的接线柱上。使用电容式发爆器时，先将钥匙插入发爆器内，将毫秒开关转至"充电"位置，待氖气灯闪亮稳定（MFB 型发爆器）或红绿灯交替闪烁（MFBB 型发爆器）时，再迅速将开关转至"放电"位置，经过"爆破"位置。

（10）爆破后，爆破工必须立即取下发爆器手把或钥匙，并把爆破母线从发爆器电源上摘下，扭结成短路。

（11）装药炮眼应当班爆破完毕。特殊情况下，当班留有尚未爆破的装药炮眼时，当班爆破工必须在现场向下一班爆破工交接清楚。

（12）通电以后拒爆时的要求。《煤矿安全规程》第三百七十一条规定：通电以后拒爆时，爆破工必须先取下把手或者钥匙，并将爆破母线从电源上摘下，扭结成短路；再等待一定时间（使用瞬发电雷管，至少等待 5 min；使用延期电雷管，至少等待 15 min），才可沿线路检查，找出拒爆的原因。

6. 爆破后检查

爆破后，待工作面的炮烟被吹散，爆破工、瓦斯检查工和班组长必须首先巡视爆破地点,检查通风、瓦斯、煤尘、顶板、支架、拒爆、残爆等情况。如有危险情况,必须立即处理。

(1) 发爆不响,应静候一定时间后,由爆破工进去查找原因。

(2) 爆破后吹散炮烟必须先由爆破工、班组长和瓦斯检查工进入爆破区,检查通风、瓦斯、支架和顶板情况,并洒水灭尘,修理被炮崩松或崩倒的棚子,然后在棚子支护下进行敲帮问顶。

(3) 爆破后最大控顶距不得超过作业规程的规定,并且要架设前探支架,以临时支护爆破后暴露出来的空顶,并在前探支架掩护下,尽快支护新棚子,形成永久支护。

(4) 出现拒爆、残爆时,要按作业规程要求进行认真处理。

7. 拒爆处理

1) 处理程序

(1) "敲帮问顶",确认空顶范围内是否安全。检查确定拒爆的原因。

(2) 因连线不良、错连、漏连,要重新连线起爆,经检查确认起爆线路完好时,方可重新起爆。

(3) 因其他原因造成的拒爆,则应在距拒爆炮眼至少 0.3 m 以外重钻和拒爆炮眼平行的新炮眼,重新装药起爆。

(4) 处理拒爆的炮眼爆破后,清点剩余电雷管、炸药,填好消退单,在核清领取数量与使用及剩余数量相符后,经班组长签字,当班剩余爆炸物品要交回爆炸物品库。严禁私藏爆炸物品。

2) 注意事项

(1) 严禁用镐刨或从炮眼中取出原放置的起爆药卷或从起爆药卷中拉出电雷管。不论有无残余炸药,严禁将炮眼残底继续加深;严禁用打眼的方法往外掏药;严禁用压风吹拒爆(残爆)炮眼。

(2) 处理拒爆的炮眼爆炸后,爆破工必须详细检查炸落的煤矸,收集未爆的电雷管。

(3) 在拒爆处理完毕以前,严禁在该地点进行与处理拒爆无关的工作。

8. 撤警戒

(1) 响完炮后,以最后一炮算起,必须继续警戒 15 min 后方准撤除警戒,如果炮响数目不够,必须适当延长警戒时间,最少 30 min。

(2) 只有当班的爆破工才有权撤除警戒信号。在未撤除警戒以前,任何人不准闯入警戒区。

(3) 几个作业面同时爆破时,几个警戒人员必须联系好,炮数确实响够后,才能按规定时间和路线撤除警戒。

警戒撤除后的安全要求包括：爆破后，经局部通风机通风吹散炮烟，检查确认井下空气合格后，等待时间超过 15 min，方准许作业人员进入爆破作业地点。

第三节　爆破安全管理制度与爆破安全技术措施

一、爆破安全管理制度

爆炸物品安全管理，是矿井安全生产和社会公共安全的重要组成部分，矿井至少应建立健全以下 9 个方面的安全管理制度。

（一）爆炸物品装卸、运输管理制度

（1）运输、装卸人员必须持公安机关发放的有效证件上岗作业，严禁穿化纤衣服和携带导电物品上岗作业。

（2）地面运输：

①运输炸药、电雷管的车辆车况必须完好，并应挂有"危险物品"字样的标志，车速不得超过 40 km/h、两车相距不少于 50 m，若遇特殊情况需在夜间行驶时，必须有红色信号灯。

②严禁使用自卸车、三轮车、自行车、摩托车等运输工具运输炸药、电雷管，并做到"防火、防盗、防静电"。严禁炸药、电雷管同车装运和搭乘其他人员及物品，做到专车专运。严禁吸烟、用火、使用手提电话。严禁将车辆行驶和停放在人口密集和建筑物多的地方。

（3）井下运输：

①装有炸药、电雷管的车辆车厢应为封闭的专用车厢，车厢外四周要印有"危险品"标志，车厢内应铺有软垫。要有专人护送，直达装卸地点，禁止中途停留。

②使用绞车运送炸药、电雷管入井时，搬运、押运人员应与绞车司机联系，上下车场把钩工、信号工作安全准备，其速度不得超过 1 m/s；使用机车运送炸药、电雷管时，其速度不得超过 2 m/s。机车运送炸药、电雷管的车厢之间应用 3 个空车隔开，严禁将炸药、电雷管装在同一车厢内。严禁无关人员乘坐，搬运、押运人员和跟车员均应坐尾车。

③人力向采掘工作面运送炸药、电雷管时，应小心谨慎，将炸药、电雷管装入坚实的非金属（绝缘和防静电）空箱内，炸药、电雷管必须装在专用的电雷管、炸药箱内并上锁，严禁违规运输和在不安全地点及人多处逗留。

④严禁在运送炸药、电雷管途中将炸药、电雷管转交他人运送，若炸药、电雷管量多时，必须由2人运送，并由持有公安机关发放的火工品作业许可证的人员协助运送。

（4）装卸：

①运输单位在接到物资供应单位装卸炸药、电雷管的通知后，应立即通知搬运人员做好装卸炸药、电雷管专用运输车辆的准备工作。

②装卸人员待配送车辆到位时，按供方发货单上的品种、数量，严格清点无误后并双方签字，交接货完毕后，立即将炸药、电雷管转装到专用车厢内，加锁送到井下炸药库入库验收。

③在地面、井下，人力装卸炸药、电雷管时均应在白天进行，严禁在出入班人员多的时间进行。装卸时，专人负责安全检查，装卸现场设置警戒，禁止闲人进入，禁止在装卸炸药、电雷管时吸烟和在附近使用明火。装卸时，堆放整齐，严禁倒置和撞击；严禁在雷雨和暴风雨天装卸炸药、电雷管。

（二）爆炸物品贮存、保管制度

（1）井下爆炸物品库应当采用硐室式、壁槽式或者含壁槽的硐室式，布置符合《煤矿安全规程》的要求。

①爆炸物品必须贮存在硐室或者壁槽内，硐室之间或者壁槽之间的距离，必须符合爆炸物品安全距离的规定。

②井下爆炸物品库应当包括库房、辅助硐室和通向库房的巷道。辅助硐室中，应当有检查电雷管全电阻、发放炸药，以及保存爆破工空爆炸物品箱等的专用硐室。

（2）井下爆炸物品库必须采用砌碹或者用非金属不燃性材料支护，不得渗漏水，并采取防潮措施。爆炸物品库出口两侧的巷道，必须采用砌碹或者用不燃性材料支护，支护长度不得小于5 m。库房必须备有足够数量的消防器材。

（3）井下爆炸物品库的最大贮存量，不得超过矿井3天的炸药需要量和10天的电雷管需要量。

①井下爆炸物品库的炸药和电雷管必须分开贮存。

②每个硐室贮存的炸药量不得超过2 t，电雷管不得超过10天的需要量；每个壁槽贮存的炸药量不得超过400 kg，电雷管不得超过2天的需要量。

③库房的发放爆炸物品硐室允许存放当班待发的炸药，最大存放量不得超过3箱。

（4）各种爆炸物品的每一品种都应当专库贮存；当条件限制时，按国家有关同库贮存的规定贮存。存放爆炸物品的木架每格只准放1层爆炸物品箱。

（5）地面爆炸物品库必须有发放爆炸物品的专用套间或者单独房间。分库的炸药发放套间内，可临时保存爆破工的空爆炸物品箱与发爆器。在分库的电雷管发放套间内发放电雷管时，必须在铺有导电的软质垫层并有边缘突起的桌子上进行。

（6）存放爆炸物品时，电雷管箱、玻璃钢背箱、退库的电雷管必须放在木架上，其他爆炸物品箱应堆放在垫木上。

（7）禁止在同一木架区段存放不同段数的电雷管。

（8）爆炸物品箱距上层木架板的间距不得小于 4 cm，架宽不超过两箱的宽度。

（9）木架与墙壁的距离不得小于 20 cm。

（三）爆炸物品领退管理制度

（1）根据本班爆破工作量和消耗定额提出爆炸物品的品种、规格和数量，填写三联单，经班组长审批后盖章。

（2）爆破工携带经班组长签章后的三联单，到爆炸物品库领取爆炸物品。

（3）领取爆炸物品后，必须当时检查品种、规格和数量是否符合规定，从外观上检查质量和电雷管编号是否相符。

（4）每次爆破后，爆破工应根据使用爆炸物品的品种、数量、爆破工作情况和爆破事故处理情况填报爆破记录。

（5）爆破工作完成后，爆破工必须将剩余的、不能再使用的爆炸物品及处理拒爆、残爆后未爆的电雷管收集起来，清点无误后，将本班爆破的炮数、爆炸物品使用数量及缴回数量等经班组长签章，缴回爆炸物品库，由发放人员签章。爆破指标三联单由爆破工、班组长及发放人员各保留一份备查。

（四）电雷管电阻检查管理制度

（1）电雷管（包括清退入库的电雷管）在发给爆破工前，必须用电雷管检测仪逐个做全电阻检查，并将脚线扭结成短路。通过检测电阻值，发现不合格的电雷管严禁发放。

（2）电雷管导通检查和全电阻检查，都必须在单人单间的操作室内进行。操作室内要有单独的操作台、导通表和防爆筒。

（3）在专用房间内检验时，要把被检验的电雷管放在有柔软衬垫的防爆筒中，或放在 5 cm 厚的挡板后面。被检验电雷管距离检验工作人员不得少于 5 m，被检验电雷管的仪表上通过的电流不得超过 50 mA。

（4）做电雷管导通试验和电阻测定时，应先将一束 20 发电雷管放入防爆筒内，一次只能测试一发，把电雷管脚线的一端接在导通表接点装置的一端，使脚线与接点装置接通,再将电雷管脚线的另一端一发一发地与导通表接点装置的另一端接通。检测时发现指针不移动的或电阻值无穷大的,说明电雷管不通,有断路,这样的电雷管应当拿出来,严禁发放。

(5)检测时,若导通表移动弧度保持在一定范围内,说明电雷管的电阻值变化幅度不大;若指针移动幅度很大,说明电雷管的电阻值变化幅度很大,全电阻值不符合规定,这些电雷管均应选出来。

(6)如分组使用,要根据电雷管的电阻值大小把电阻值相近的编组,一次发出配合使用。这样在一个爆破网路上使用的电雷管可以有大致相近的电阻,起爆时,在相同电流的作用下,不容易产生漏爆现象。

(7)分组使用时,选配电阻在 $1.25\ \Omega$ 以下的电雷管,电阻值差不得超过 $0.25\ \Omega$;选取电阻在 $1.25\sim2\ \Omega$ 的电雷管时,电阻值差不得超过 $0.3\ \Omega$。

(8)对电雷管进行导通试验和电阻测定分组时,操作台上最多只能存放100发电雷管,工作室内电雷管存量不能超过1000发,以防止检查时发生事故。

(9)电雷管在导通和测定电阻值时,不得抓住电雷管硬拽脚线,或抓住脚线硬拽电雷管。

(五)爆炸物品消防管理制度

(1)认真贯彻执行"预防为主,防消结合"的方针和消防监督条例,严格按照"消防保卫部门安全责任制"履行职责。

(2)消防设施、器材实行专管专用,未经许可不得随意撤除、移动和改装,并定期做好维护、保养和更新。

(3)爆炸物品库内保持整洁干净,不得堆放任何杂物及废品。

(4)禁止使用电炉,生活用火应做到人离火灭。

(5)五级以上大风天气,禁火区内禁止一切生产、生活用火,并加强巡视。

(6)建立管理责任承包制,确保避雷、消防设施完整,做到"二会"——会保管、会使用,"三定"——定人、定位、定期(管理、挂置、换药),"四不"——不丢失、不损坏、不锈蚀、不霉烂变质。

(7)发现火患按属地原则立即处理;发现火警报安全保卫部门组织处理;发现火灾事故,现场人员应及时处理并向上级报告,并根据火势情况及时报警,重大以上的火灾事故或险情应请示上级领导,启动安全事故应急预案。

(8)健全防火档案,关键危险点和重点部位制定切实可行的消防灭火预案,并进行演练。

(六)爆炸物品库保卫管理制度

(1)爆炸物品库区值班警卫人员必须由政治可靠、身体强壮的人员担任,要认真学习党和国家的安全方针政策、法律法规等，努力提高自身的政治觉悟、思想品德，有坚定的政治立场和严谨的工作作风。

（2）牢固树立"安全第一、预防为主、综合治理"的思想，明确职责、防患于未然。

（3）库区应实行24 h保卫巡回检查制度，夜间警卫人员实行双人双岗制度，严禁脱岗、睡岗、串岗，严格交接班制度。

（4）每班对仓库的门窗、通气孔、监控系统、红外线报警等设施进行一次巡查，对库区围墙、排洪沟进行检查，并认真记录。

（5）仓库管理必须严格执行非工作人员不准入库，烟火、移动通信装置不准入库，不准在库区动火及架设临时电线，确需动火时，需办理动火许可证。

（6）夜间不准产品出入库。夜班应1 h在库区内巡逻检查一次，发现异常应及时报告、处理。

（7）严格出入库登记手续、查验制度，对外来人员必须查验其身份无误登记后，方可进入库区。

（8）在天气晴好打开门窗通风换气时，应有专人守卫。

（9）仓库必须做到四防，即人防、物防、技防、犬防。

（10）提高警惕，对活动在库区外可疑人员及时盘查，发现重大问题及时向上级及公安机关报告，并主动配合公安机关排查一切隐患。

（七）爆炸物品销毁管理制度

对已报废的爆炸物品进行销毁，是维护安全的一项重要措施，也是爆炸物品管理和使用部门的一项重要工作。销毁爆炸物品，煤矿企业应选择返回产品生产企业处理。若确实需要自己销毁处理，煤矿企业必须按照民用爆炸物品管理条例及当地公安部门的要求建立健全爆炸物品销毁制度：

（1）凡被列入报废范围的爆炸物品，必须有主管部门和保管人员进行登记造册，阐明理由和原因，账物相符，方可准予销毁。

（2）报废的炸药和电雷管在销毁前，主管部门必须按照申请报废销毁单填写申请报告，填写申请报废销毁的品种、数量、原因、时间、地点、方法、操作人、负责人及安全措施。

（3）报经有关部门审查核实，主管负责人签字同意，并经当地公安机关批准后方可进行，每次销毁炸药数量不得超过50 kg，销毁的电雷管数量不得超过500发。

（4）销毁地点应选择空旷、无人、无建构物的地点，符合外部安全距离要求。

（5）销毁爆炸物品的操作者，必须是经过培训的持有合格证的人员，有关部门指派现场监护人、警戒人、负责人在场，所有参加人员逐一登记备查。

（八）爆炸物品丢失处理办法

（1）井下爆炸物品库的库管人员必须严格执行爆炸物品的领用、清退制度和爆炸物品库人员出入制度。

（2）井下爆炸物品库必须做到账、卡、物相符，并做到日清、月结。若出现账、物不符，必须进行追查，查明原因，并对负有责任的库管员进行处理。

（3）当爆炸物品运送到矿后，必须尽快入井，保卫部门必须派专人全程监管，严防其在运送途中发生丢失和被盗。

（4）从爆炸物品库运送炸药、电雷管到爆破地点，必须严格执行《煤矿安全规程》的规定，中途不得逗留。

（5）爆破工领取的爆炸物品，不得遗失，不得乱扔乱放，不得转交他人，不得私自销毁、抛弃和挪作他用。

（6）爆破工在每次爆破后，必须及时收集未爆的炸药、电雷管，并将其交到井下爆炸物品库，库管员必须登记，做到账、物相符。同时，对变质、失效的炸药、电雷管，必须集中管理，统一交到生产厂家或在公安机关的监督下做销毁处理。

（7）发现爆炸物品丢失、被盗，爆破工应立即报告班组长或向主管部门及公安机关报告，并由公安机关负责进行追查，并追回丢失、被盗的爆炸物品。

（九）爆破作业人员岗位责任制度

（1）爆破工直接对当班本工作面的安全爆破工作负责。

（2）爆破工必须持证上岗，严格遵守劳动纪律和矿内的各项管理制度，严格遵守爆炸物品管理制度。

（3）爆破工必须严格按章操作，认真执行好"三大规程""一炮三检""三人连锁爆破"制度，落实现场各项安全技术措施，做到不安全不生产。

（4）严格遵守爆炸物品领退制度，保管所领取的爆炸物品，不遗失或转交他人，不擅自销毁和挪作他用，保证爆炸物品不丢失。一旦丢失，应立即报告班组长，并认真查找。

（5）严格遵守爆炸物品运送制度，保证沿途安全。

（6）严格遵守处理爆破故障（残爆、拒爆）及特殊情况下爆破的规定和要求，正确处理爆破故障。

（7）经常检查工作地点及所使用设备、仪器的安全状态，确保爆破工作顺利进行。

（8）严格遵守爆破后巡检制度，发现残爆、拒爆等不安全因素及时处理或上报后处理。

（9）爆破结束后，将剩余爆炸物品如数及时交回爆炸物品库，发爆器交还发放室统一保管。

（10）加强自我安全约束和自身业务学习，做到不违章作业，不违反劳动纪律，业务素质不断提高。

上述管理制度中，爆炸物品领退管理制度和爆炸物品丢失处理办法尤为重要，目的是防止爆破工私自违章处理、丢失甚至盗窃爆炸物品，导致爆炸物品流向社会，造成公共安全危害。

二、爆破安全技术措施

（1）炮眼深度、角度、间距、装药量等参数要符合设计要求。

（2）按要求进行装药，要装实，炮眼封泥应用水炮泥，水炮泥外面剩余的炮眼部分，应用黏土炮泥封实。炮眼封泥严禁用煤粉、块状材料或其他可燃性材料。无炮泥或不实的炮眼，严禁爆破。严禁裸露爆破。

（3）炸药和电雷管要使用煤矿许用炸药和电雷管，并按矿井瓦斯等级使用相应级别的煤矿许用炸药和电雷管。采掘工作面必须使用取得产品许可证的三级煤矿许用炸药和电雷管。使用煤矿许用毫秒电雷管时，最后一段的延期时间不得超过 130 ms。

（4）保证炸药和电雷管质量合格，使用的爆炸物品必须有煤矿矿用产品安全标志，不同厂家生产的或不同品种的电雷管，不得掺混使用。

（5）要按规定处理拒爆，处理拒爆（包括残炮）必须在班组长直接指导下进行，并按《煤矿安全规程》的要求处理，拒爆应在当班处理完毕。如果当班未能处理完毕，爆破工必须同下一班爆破工在现场交接清楚。

（6）建立健全管理制度，执行管理制度要严格，要实行"一炮三检"制度（打眼前、爆破前、爆破后）和"三人连锁爆破"制度（爆破员、班组长、瓦检员），并在起爆前检查起爆地点的甲烷浓度。严禁放糊炮、明火爆破和一次装药多次爆破。

（7）要设专职人员爆破，爆破工由专职爆破工担任。

（8）爆破工要经过培训，并取得相应的资格证书。

（9）井下爆破必须使用发爆器。开凿或者延深通达地面的井筒时，无瓦斯的井底工作面可以使用其他电源起爆，但电压不得超过 380 V，并必须有电力起爆接线盒。

①发爆器或者电力起爆接线盒必须采用矿用防爆型（矿用增安型除外）。

②发爆器必须统一管理、发放。必须定期校验发爆器的各项性能参数，并进行防爆性能检查，不符合要求的严禁使用。

（10）爆破时，要按该巷道、工作面的作业规程或措施的规定采取警戒措施。

（11）采掘工作面采用毫秒爆破。在掘进工作面必须全断面一次起爆，在回采工作面需要进行爆破时，必须另报安全技术措施经审批后执行。

（12）炮眼内发现异常情况，如温度骤高骤低、有明显瓦斯涌出、煤岩松软、透老空等情况时，不准装药爆破。

（13）爆破母线和脚线必须相互扭紧并悬挂，不得同轨道、金属管、钢丝绳、刮板输送机等导电体相接触。

（14）在爆破地点 20 m 内，有矿车、未清除的煤矸或其他物体阻塞巷道 1/3 以上时不准装药爆破。

（15）爆破作业必须编制爆破作业说明书，爆破工必须依照爆破作业说明书进行爆破作业。

（16）不得使用过期或严重变质的爆炸物品。当班未用完或领完后当班未进行爆破的爆炸物品不能使用，必须及时交回爆炸物品库。

（17）爆破工必须把炸药、电雷管分开存放在专用的爆炸物品箱内，并加锁，严禁乱扔、乱放。爆炸物品箱必须放在顶板完好、支架完整、避开机械、电气设备的地点。爆破时必须把爆炸物品箱放到警戒线以外的安全地点。

（18）从成束的电雷管中抽取单个电雷管时，不得手拉脚线硬拽管体，也不得手拉管体硬拽脚线，应将成束的电雷管顺好，拉住前端脚线将电雷管抽出。抽出单个电雷管后，必须将其脚线扭结成短路。

（19）装配起爆药卷时，必须遵守下列规定：

①必须在顶板完好、支护完整，避开电气设备和导电体的爆破工作地点附近进行。严禁坐在爆炸物品箱上装配起爆药卷。装配起爆药卷的数量，以当时爆破作业需要的数量为限。

②装配起爆药卷必须防止电雷管受震动、冲击，以及折断电雷管脚线和损坏脚线绝缘层。

③电雷管必须由药卷顶部装入，严禁用电雷管代替竹、木棍扎眼。电雷管必须全部插入药卷内，严禁将电雷管斜插在药卷中部或者捆在药卷上。

④电雷管插入药卷后，必须用脚线将药卷缠住，并将电雷管脚线扭结成短路。

（20）装药前，首先必须清除炮眼内的煤粉或岩粉，再用木质或竹质炮棍将药卷轻轻推入，不得冲撞或捣实。炮眼内的各药卷必须彼此密接。

（21）装药后，必须把电雷管脚线悬空，严禁电雷管脚线、爆破母线与运输设备、电气设备以及采掘机械等导电体相接触。

（22）炮眼深度和炮眼的封泥长度应符合下列要求：

①炮眼深度小于 0.6 m 时，不得装药、爆破；特殊条件下，如挖底、刷帮、挑顶确需进行炮眼深度小于 0.6 m 的浅孔爆破时，必须制定安全措施并封满炮泥。

②炮眼深度为 0.6～1 m 时，封泥长度不得小于炮眼深度的 1/2。

③炮眼深度超过 1 m 时，封泥长度不得小于 0.5 m。

④炮眼深度超过 2.5 m 时，封泥长度不得小于 1 m。

⑤深孔爆破时，封泥长度不得小于孔深的 1/3。

⑥光面爆破时，周边光爆炮眼应当用炮泥封实，且封泥长度不得小于 0.3 m。

⑦工作面有 2 个及以上自由面时，在煤层中最小抵抗线不得小于 0.5 m，在岩层中最小抵抗线不得小于 0.3 m。浅孔装药爆破大块岩石时，最小抵抗线和封泥长度都不得小于 0.3 m。

（23）处理卡在溜煤（矸）眼中的煤矸时，如果确无爆破以外的办法，可爆破处理，但必须遵守下列规定：

①爆破前检查溜煤（矸）眼内堵塞部位的上部和下部空间的瓦斯浓度。

②爆破前必须洒水。

③使用用于溜煤（矸）眼的煤矿许用刚性被筒炸药，或者不低于该安全等级的煤矿许用炸药。

④每次爆破只准使用 1 个煤矿许用电雷管，最大装药量不得超过 450 g。

（24）采掘工作面的控顶距离必须符合作业规程的规定。若支架有损坏，或伞檐超过规定时，严禁装药、爆破。

（25）爆破母线和连接线必须符合下列要求：

①爆破母线符合标准规定。

②爆破母线和连接线、电雷管脚线和连接线、脚线和脚线之间的接头相互扭紧并悬空，不得与轨道、金属管、金属网、钢丝绳、刮板输送机等导电体相接触。

③巷道掘进时，爆破母线应当随用随挂。不得使用固定爆破母线，特殊情况下，在采取安全措施后，可不受此限。

④爆破母线与电缆应当分别挂在巷道两侧。如果必须挂在同一侧，爆破母线

必须挂在电缆下方，并保持0.3 m以上的距离。

⑤只准采用绝缘母线单回路爆破，严禁用轨道、金属管、金属网、水或者大地等当作回路。

⑥爆破前，爆破母线必须扭结成短路。

（26）每次爆破作业前，爆破工必须做电爆网路全电阻检测。严禁采用发爆器打火放电的方法检测电爆网路。

（27）爆破工必须最后离开爆破地点，并在安全地点起爆。起爆地点到爆破地点的距离必须在作业规程中具体规定。

（28）发爆器的把手、钥匙或者电力起爆接线盒的钥匙，必须由爆破工随身携带，严禁转交他人。只有在爆破通电时，方可将把手或者钥匙插入发爆器或者电力起爆接线盒内。爆破后，必须立即将把手或者钥匙拔出，摘掉母线并扭结成短路。

（29）爆破前，脚线的连接工作可由经过专门训练的班组长协助爆破工进行。爆破母线连接脚线、检查线路和通电工作，只准爆破工一人操作。

①爆破前，班组长必须清点人数，确认无误后，方准下达起爆命令。

②爆破工接到起爆命令后，必须先发出爆破警号，至少再等5 s后方可起爆。

③装药的炮眼应当当班爆破完毕。特殊情况下，当班留有尚未爆破的已装药的炮眼时，当班爆破工必须在现场向下一班爆破工交接清楚。

（30）爆破后，待工作面的炮烟被吹散，爆破工、瓦斯检查工和班组长必须首先巡视爆破地点，检查通风、瓦斯、煤尘、顶板、支架、拒爆、残爆等情况。发现危险情况，必须立即处理。

（31）通电以后拒爆时，爆破工必须先取下把手或者钥匙，并将爆破母线从电源上摘下，扭结成短路；再等待一定时间（使用瞬发电雷管，至少等待5 min；使用延期电雷管，至少等待15 min），才可沿线路检查，找出拒爆原因。

（32）处理拒爆、残爆时，应当在班组长的指导下进行，并在当班处理完毕。如果当班未能完成处理工作，当班爆破工必须在现场向下一班爆破工交接清楚。

处理拒爆时，必须遵守《煤矿安全规程》第三百七十二条的规定。

（33）爆炸物品库和爆炸物品发放硐室附近30 m范围内，严禁爆破。

第四节 爆破事故的原因、预防措施与处理方法

爆破事故是指因爆破不正常而引发的事故。爆破事故因形式各异、原因繁杂，同样的事故可能由不同的原因引起，相同的原因在不同时间、地点会引发不

同的事故。

一、早爆产生的原因及预防措施

早爆，就是电雷管或装药在预定的起爆时刻之前发生了意外爆炸。由于早爆时，起爆的准备工作尚未完成，人员往往没有撤离爆破作业现场，所以造成的爆炸事故比较严重。

1. 早爆产生的原因

引起早爆的能量形式主要是电能。杂散电流、静电、雷电、射频感应等电流都能引起电点火线路发生早爆。此外，机械能也可以引起高感度炸药或爆炸物品发生早爆。

1）能量影响

（1）杂散电流。例如，电机车牵引网路的漏电电流，当机车启动时其杂散电流可高达数十安培，运行时达十几至数十安培，当其通过管路、潮湿的煤岩壁导入爆破网路或电雷管脚线时，就有可能发生早爆事故。此外，动力或照明交流电路漏电都可以产生杂散电流。

（2）电雷管脚线或爆破母线与动力或照明交流电源一相接地，又相互与另一接地电源相接触时，使爆破网路与外部电流相通，当其电能超过电雷管的引火冲量时，电雷管就可能发生爆炸。

（3）电雷管脚线或爆破母线与漏电电缆相接触。有时，爆破工在敷设爆破母线时，不按照《煤矿安全规程》规定的距离悬挂，或接头、破损处未包扎好，都有可能出现这种现象。

（4）静电。接触爆炸物品的人员穿化纤衣服；爆破母线、电雷管脚线碰到具有较高静电电位的塑料制品。

（5）雷电。在露天、平硐爆破作业中，有可能受到雷电的影响，由于雷击能产生约 20000 A 的电流，如果直接击中爆区，则网路全部或部分被起爆，即使离雷电较远，也有可能引爆电雷管。

2）机械撞击、挤压和摩擦

（1）顶板落下的矸石砸到电雷管，或用矸石、硬质器械猛砸炸药、起爆药卷，而引起炸药、电雷管爆炸；或装药时炮棍捣动用力过大，把电雷管捣响。

（2）硬拽电雷管脚线，使桥丝与管体发生摩擦继而产生爆炸。

3）爆炸物品保管不当

（1）爆炸物品没有按规定进行保管。发爆器及其把手、钥匙乱扔、乱放，或他人用发爆器通电起爆。

（2）发爆器受淋、受潮，致使内部线路发生混乱，开关失灵。

4）爆轰感度

各种起爆材料和炸药都具有一定的爆轰敏感度。当一个地点进行爆破作业时，可能会引起附近另一处炮眼内的电雷管爆炸。

2. 预防早爆的措施

（1）降低电机车牵引网路产生的杂散电流。采用电雷管起爆时，杂散电流不得超过 30 mA。杂散电流大于 30 mA 时，必须采取必要的安全措施。

（2）电雷管脚线、爆破母线在连线之前扭结成短路，连线后电雷管脚线和连接线、脚线与脚线之间的接头，都必须悬空，并用绝缘胶布包好，不得同任何导电体或潮湿的煤岩壁相接触。

（3）加强井下设备和电缆的检查和维修，发现问题，及时处理。

（4）存放炸药、电雷管和装配起爆药卷的地点安全可靠，严防煤岩块或硬质器件撞击电雷管和炸药。

（5）发爆器及其把手、钥匙应妥善保管，严禁交给他人。

（6）对杂散电流较大的地点也可使用电磁雷管。

（7）当爆破区出现雷电时，受雷电影响的地方应停止爆破作业。

二、拒爆和丢炮的防治与处理

拒爆、丢炮是爆破作业中最常发生的爆破故障，且极易造成人身伤亡事故，因此，分析其产生原因，可以找到正确的预防和处理方法，减少和杜绝拒爆、丢炮。

1. 拒爆、丢炮产生的原因

1）炸药方面

使用的炸药硬化变质、超过保质期，电雷管无法引爆。

有水的炮眼未使用抗水炸药，或使用非抗水型炸药而未套防水套，使炸药受潮。另外，电雷管在水量较多的药卷内起爆，也降低电雷管的爆炸威力而造成拒爆。

2）电雷管方面

（1）电雷管制造质量差，桥丝折断，管体有砂眼、裂缝等。

（2）混用了不同规格、不同厂家、不同材质的电雷管，或电雷管在使用前未经导通、电阻测试，电阻值之差大于 $0.3 \, \Omega$，或脚线生锈，使爆破网路中电雷管的电阻或电引火性能相差较大，出现串联拒爆现象。

（3）电雷管内的炸药受潮或起爆药卷中的电雷管位置不当，因而造成炸药拒爆。

3）装药、装填炮泥方面

（1）未按规定进行操作，将电雷管脚线捣断或绝缘皮破损，造成网路不通、短路或漏电。

（2）装药时把炸药捣实，使炸药密度过大，敏感度降低，出现钝化现象。

（3）药卷与炮眼之间存在管道效应，或药卷之间存在煤岩粉阻隔。

4）炮眼间距不合适

特别是不同段电雷管的炮眼间距为 0.45 m 左右时，更容易使邻近眼内的炸药受应力波的影响而出现拒爆。

5）爆破网路连接方面

（1）连接电雷管脚线时有错连或漏连，或爆破网路裸露处相互接触，造成短路。

（2）爆破网路的接头接触不良，或网路有漏电现象，使爆破网路电阻过大。

（3）质量、规格不同的母线或脚线混用。

（4）连好的爆破网路被煤岩砸断或被拉断，使网路断开。

6）起爆电源方面

（1）爆破网路连接的电雷管数量超过发爆器的起爆能力，使单个电雷管过电量太少，造成起爆能力相对不足。

（2）发爆器发生故障，输出电量过小、充电时间过短或输出冲量不足。

从以上原因可以看出，大部分是连线不良、电雷管变质、制造质量差、装药时操作不当将电雷管脚线折断及发爆器发生故障等原因，造成不能全部起爆而产生拒爆、丢炮的。因此，为了避免出现拒爆、丢炮，爆破工在实际工作中应注意把好领取电雷管、连线及装药关。

2. 预防拒爆、丢炮的措施

（1）不领取变质的炸药和不合格的电雷管。不使用硬化到不能用手揉松的硝酸铵类炸药，也不使用破乳和不能揉松的乳化炸药。

同一爆破网路中，不使用不同厂家生产的或同一厂家生产的但不同批次的电雷管；不领取、不使用未经导通、全电阻测试或管口松动的电雷管。同一爆破网路中电雷管的电阻和电引火特性应尽量相近。

（2）向孔内装药和封泥时，要小心谨慎，脚线要紧贴孔壁。按操作规程进行装药，防止把药卷压实或把电雷管脚线折断、绝缘皮破损而造成网路不通、短路或漏电等现象。装药前应将炮眼内的煤岩粉清除干净。

（3）网路连接时，连线接头必须扭紧、牢固，尤其是电雷管脚线裸露处的锈在连线时必须处理干净；连线后认真检查，防止出现接触不良、错连、漏连、不小心被人拉断或煤岩砸断网路等情况；连线方式合理，严格按爆破作业说明书要求的方式进行连接。起爆前，用专用爆破电桥测量爆破网路的电阻，实测的总电阻值与计算值之差应小于5%。必须使用规格相同的母线或连接线。

（4）正确设计和调整爆破网路，爆破网路连接的电雷管数量不得超过发爆器的起爆能力。领取发爆器时，认真检查发爆器的防爆性能和工作性能。发爆器的防爆性能和输出冲量正常，方可领到井下使用。

（5）炮眼布置合理，间距不能过小；孔径与药径之间比例适当，尽量减少间隙效应。

（6）不准装盖药、垫药，不准采用不合理的装药方式。

（7）有水和潮湿的炮眼应使用抗水炸药。

3. 处理拒爆、丢炮的方法

通电以后拒爆时，爆破工必须先取下把手或钥匙，并将爆破母线从电源上摘下，扭结成短路，再等一定时间（使用瞬发电雷管时，至少等 5 min；使用延期电雷管时，至少等 15 min)，方可沿线路检查，找出拒爆原因。

1）用欧姆表检查网路

（1）若表针读数小于零，说明网路有短路处。此时应依次检查网路，查出短路处并处理后，重新通电起爆。

（2）若表针走动小，读数大，说明存在连接不良的接头，电阻大。此时应依次检查连线接头，查出后，将其扭结牢固，重新起爆。

（3）若表针不走动，说明网路导线或电雷管桥丝有折断。此时需要改变连线方法，按图 3 – 11 所示采用中间并联法，依次逐段重新爆破，或一眼一放，查出拒爆后，按处理拒爆的规定进行处理。

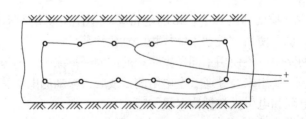

图 3 – 11　中间并联法

2）用导通表检测网路

爆破工也可以用导通表检测网路，若网路导通，则可重新爆破；若网路不导通，说明有断路，需逐段检查，查出问题重新加以处理，然后重新爆破。

3）处理方法

（1）发现拒爆、丢炮后，应先检查工作面顶板、支架和瓦斯状况，无安全隐患后，再进行处理。

（2）爆破后，若出现炮眼不响，必须对每个电雷管用测炮器重新检查，如果灯都亮，重新连线爆破，如果灯不亮，即按拒爆处理。

（3）具体处理方法有：

①若检查为连线不良造成的拒爆，可重新连线起爆。

②若因其他原因造成的拒爆，只能采取在距拒爆炮眼至少0.3 m处打一平行炮眼，重新装药爆破。重新打眼时，应先弄清拒爆炮眼的角度、深度，然后按要求布置新炮眼。

4）处理拒爆、残爆时必须遵守的规定

（1）《煤矿安全规程》第三百七十一条 通电以后拒爆时，爆破工必须先取下把手或者钥匙，并将爆破母线从电源上摘下，扭结成短路；再等待一定时间（使用瞬发电雷管，至少等待5 min；使用延期电雷管，至少等待15 min），才可沿线路检查，找出拒爆的原因。

（2）《煤矿安全规程》第三百七十二条 处理拒爆、残爆时，应当在班组长指导下进行，并在当班处理完毕。如果当班未能完成处理工作，当班爆破工必须在现场向下一班爆破工交接清楚。

处理拒爆时，必须遵守下列规定：

（1）由于连线不良造成的拒爆，可重新连线起爆。

（2）在距拒爆炮眼0.3 m以外另打与拒爆炮眼平行的新炮眼，重新装药起爆。

（3）严禁用镐刨或者从炮眼中取出原放置的起爆药卷，或者从起爆药卷中拉出电雷管。不论有无残余炸药，严禁将炮眼残底继续加深；严禁使用打孔的方法往外掏药；严禁使用压风吹拒爆、残爆炮眼。

（4）处理拒爆的炮眼爆炸后，爆破工必须详细检查炸落的煤、矸，收集未爆的电雷管。

（5）在拒爆处理完毕以前，严禁在该地点进行与处理拒爆无关的工作。

【案例】2013年7月26日，山东济宁某煤矿用风钻打眼处理拒爆时，打中雷管，引起爆炸，造成一死一伤。

三、残爆、爆燃和缓爆产生的原因及预防措施

残爆是指炮眼里的炸药引爆后，发生爆轰中断而残留一部分不爆药卷的现象；爆燃是指炮眼里的药卷未能正常起爆，没有形成爆炸而发生了快速燃烧，或形成爆轰后又衰减为快速燃烧的现象；缓爆是指通电后，炸药延迟一段时间才爆炸的现象。缓爆时间可长达几分钟至十几分钟，爆破人员以为是拒爆而进入工作面检查，最容易发生伤亡事故。

1. 残爆、爆燃和缓爆产生的原因

1）残爆、爆燃产生的原因

（1）炸药质量不好，发生硬化和变质；炸药在炮眼内受潮，引起炸药爆炸不完全。

（2）电雷管受潮；串联使用不同厂家、不同批次、不同材质的电雷管；电雷管起爆能力不足，起爆后炸药达不到稳定爆轰致使爆轰传递中断，产生残爆或爆燃。

（3）装药时，未清除干净炮眼内的煤岩粉和积水；装药时炮眼坍塌，或因操作失误，造成炮眼内药卷受到阻隔或分离，炸药爆炸无法延续；装药结构不合理，装了盖药和垫药，影响爆轰波在药卷之间传爆，使盖药和垫药不能起爆。有时即使起爆，盖药常常被抛到煤岩堆里，垫药则被留在眼底。

（4）装药时药卷被捣实，增加了炸药的密度，降低了炸药的爆轰稳定性。

（5）炮眼距离过近，使电雷管或炸药被爆轰波压死而产生钝化现象。

（6）在深孔小直径装药爆破中，管道效应造成药卷敏感度降低，并将爆轰方向末端的药卷压死造成残爆。

2）缓爆产生的原因

正常情况下，炸药的爆炸反应过程是瞬间完成的，造成缓爆的常见原因有：

（1）使用变质、质量差的炸药；爆轰不稳定，传爆能力不足，威力小。

（2）电雷管起爆能力不足。

（3）炸药的密度过大或过小，降低了炸药的爆轰稳定性。炸药被激发后，不是立即起爆，而是先以较慢的分解、爆燃方式进行的，速度较慢，但在密封的炮眼里，随着分解或燃烧的不断进行，热量和压力逐渐积累、升高，炸药最后才由爆燃转为爆炸。

（4）电雷管的引火装置和起爆药质量不合格，也会引起缓爆。

2. 预防残爆、爆燃和缓爆的措施

（1）通电以后拒爆时，爆破工必须先取下把手或钥匙，并将爆破母线从电

源上摘下，扭结成短路，再等一定时间（使用瞬发电雷管至少等 5 min；使用延期电雷管至少等 15 min），才可沿线路检查，找出拒爆的原因。

（2）禁止使用不合格的炸药、电雷管。

（3）装药前，清除干净炮眼内的杂物；装药时，使炮眼内的各药卷之间彼此密接。

（4）合理布置炮眼、合理装药，不装盖药和垫药。

（5）采取措施，减弱或消除管道效应。如隔一定距离在药卷上套硬质隔环，或使用抵抗管道效应能力大的水胶炸药或乳化炸药。

（6）煤矿井下爆破尽可能使用煤矿许用 8 号电雷管。起爆药卷内的电雷管聚能穴和装配位置应符合要求，并且电雷管应全部插入药卷内。

（7）处理残爆的方法与处理拒爆时相同。

（8）装药时应把药卷轻轻送入，避免把炸药捣实。

四、放空炮的原因及预防措施

1. 放空炮的原因

（1）充填炮眼的炮泥质量不好，如用煤块、煤（岩）粉和药卷纸等作充填材料或充填长度不符合规定，封泥的阻力无法克服炸药爆破后的爆破力。爆轰波由阻力最小处（即炮眼口）冲出，导致空炮。

（2）炮眼间距过大，炮眼方向与最小抵抗线方向重合。爆轰波由抵抗最弱点冲出，造成眼壁和炮眼口不同程度地破坏，产生空炮。

2. 预防放空炮的措施

（1）充填炮眼的炮泥质量要符合《煤矿安全规程》的规定，水炮泥水量充足，黏土炮泥软硬适度。

（2）保证炮泥的充填长度和炮眼的封填质量符合《煤矿安全规程》的规定。

（3）要根据煤岩层的硬度、构造发育情况和施工要求布置炮眼，炮眼的间距、角度和深度要合理，装药量要适当。

五、爆破伤人及炮烟熏人的原因及预防措施

1. 爆破伤人的原因

（1）爆破母线短，躲避处选择不当，造成飞煤、飞石伤人。

（2）爆破时，未执行《煤矿安全规程》中有关爆破警戒的规定，有遗漏警戒的通道；或警戒人员责任心不强，人员误入正在爆破作业的地点；或爆破未完成，擅自进入工作面检查、作业。

（3）处理拒爆、残爆未按《煤矿安全规程》规定的程序和方法操作，随意使用《煤矿安全规程》严禁使用的处理方法，致使拒爆炮眼突然爆炸崩人。

（4）通电以后出现拒爆时，等候进入工作面的时间过短，或误认为是网路故障而提前进入，造成崩人。

（5）连线前，电雷管脚线没有扭结成短路，导致杂散电流等通过爆破网路或电雷管，造成电雷管突然爆炸而崩人。

（6）爆破作业制度不严，发爆器及其手把、钥匙乱扔、乱放；使用固定爆破母线，造成爆破工作混乱。当工作面有人工作时，另有他人用发爆器通电起爆，造成崩人。

（7）1个采煤工作面使用2个发爆器同时爆破。

2. 炮烟熏人的原因

（1）掘进工作面停风；或风量不足，风筒有破损漏风；或局部通风机的风筒口距离迎头太远，无法把炮烟吹散排出。

（2）掘进工作面爆破后，炮烟尚未排除就急于进入爆破地点。

（3）炸药变质引起炸药爆燃，使一氧化碳、氮的氧化物大量增加，导致作业人员中毒。

（4）在采煤工作面爆破时，爆破工在回风流中起爆，或爆破距离过近，炮烟浓度大，又不能及时躲避。

（5）长距离单巷掘进工作面爆破后，炮烟长时间飘散在巷道中，使人慢性中毒。

（6）工作面杂物堆积影响通风，使用串联通风未采取措施。

（7）未按规定使用水炮泥，封泥长度和质量达不到要求。

3. 预防爆破伤人及炮烟熏人的措施

1）预防爆破伤人的措施

（1）爆破母线要有足够的长度，躲避处要选择能避开飞石、飞煤袭击的安全地点；掩护物要有足够的强度。

（2）爆破前，班组长必须亲自布置专人在警戒线和可能进入爆破地点的所有通路上担任警戒人员。警戒人员必须在安全地点警戒；必须指定责任心强的人当警戒人员，一个警戒人员不准同时警戒两个通路；爆破未结束，任何人都不能进入爆破地点；爆破后，只有在班组长通知解除警戒后，方可到爆破地点检查爆破结果及其他情况。

（3）通电以后拒爆时，如使用瞬发电雷管，至少等5 min；如使用延期电雷管，至少等15 min，方可沿线路检查，找出拒爆的原因，不能提前进入工作面，以免炮响崩人。

（4）爆破工应最后离开爆破地点，并按规定发出数次爆破警号，爆破前应清点人数。

（5）爆破工爆破后要认真、细心地检查工作面爆破情况，防止遗留拒爆、残爆炮眼。处理拒爆、残爆时必须按《煤矿安全规程》规定的程序和方法操作。

（6）爆破工应妥善保管好炸药、电雷管、发爆器及其手把、钥匙，仔细检查散落在煤岩中的爆炸物品，以免造成意外伤人。

2）预防炮烟熏人的措施

（1）掘进工作面停风，或风量不足，或局部通风机的风筒口距离工作面太远时，禁止爆破。对于爆破后出现上述情况时，应采取有效措施，增加工作面风量，如把风筒漏风处堵上等，使炮烟吹散排出。

（2）掘进工作面爆破后，待炮烟吹散吹净，作业人员方可进入爆破地点作业。

（3）不使用硬化、含水量超标、过期变质的炸药。

（4）控制一次爆破量，避免产生的炮烟量超过通风能力。

（5）采掘工作面避免串联通风，回风巷应保证有足够的通风断面，不应在巷道内长期堆积坑木、煤、矸等障碍物。

（6）装药时，要清理干净炮眼内的煤岩粉和水，保证炸药爆炸时的氧平衡。

（7）爆破时，除警戒人员以外，其他人员都要撤离到进风巷道内躲避等候；单巷掘进巷道内所有人员要远离爆破地点，同时风量要充足。

（8）作业人员通过较高浓度的炮烟区时，要用潮湿的毛巾捂住口鼻，并迅速通过。

（9）爆破前后，爆破地点附近应充分洒水，以利于吸收部分有害气体和煤岩粉。如果条件允许，也可洒一定浓度的碱性溶液，如石灰水等，可以更好地减少炮烟。

（10）炮眼封孔时应使用水炮泥，并且封泥质量和长度符合作业规程规定，以抑制有害气体生成。

【案例】2009 年 5 月 16 日，山西朔州某煤矿立井发生死亡 11 人的重大炮烟中毒事故。因此，无风、微风环境下，严禁爆破，要实现风速、风量与起爆的闭锁。

六、爆破崩倒支架造成冒顶的原因及预防措施

1. 爆破崩倒支架造成冒顶的原因

1）爆破崩倒支架的原因

（1）支架（柱）架设质量不好。如采煤工作面支架（柱）的迎山不够，楔子打得不紧，或棚顶有空，没有接到实茬，只打在浮煤矸上。掘进工作面支架帮顶背得不实，柱脚浅，没上拉条、木楔，造成爆破时支架被崩倒。

（2）炮眼排列方式与煤层硬度、采高不适应，有大块煤崩出造成支柱被崩倒。

（3）爆破参数、炮眼角度不合理。炮眼浅、装药量过多、封泥质量差、封孔长度不够，造成爆破时冲击力过大而崩倒支架（柱）。

2）爆破造成冒顶的原因

（1）工作面顶眼距顶板距离太小或打入了顶板内，爆破时造成冒顶。

（2）采掘工作面遇到地质构造。顶板破碎、松软、裂隙发育时，未采取少装药放小炮的方法，而仍按正常的装药量、炮眼数量、深度等爆破参数进行爆破。

（3）一次爆破的炸药量或顶眼装药量过大，对顶板、支架冲击强烈。

（4）工作面空顶面积大，支护不全、不牢，崩倒的支架（柱）未及时扶起；空顶时，照样装药爆破。

（5）炮眼角度不合适，爆破时崩倒、崩坏支柱，造成大面积空顶，支架又不及时跟上，造成冒顶。

（6）全部陷落法采煤工作面基本顶未冒，煤帮顶板出现大裂缝，直接顶爆破时，撤除放顶支柱时间、顺序和距离不合理，也能引发冒顶。

2. 预防爆破崩倒支架造成冒顶的措施

1）预防爆破崩倒支架的措施

（1）爆破前，必须检查支架并对爆破地点附近 10 m 内的支护进行加固。掘进工作面的顶帮要插严背实，并打上拉条、撑木实行必要的加固；采煤工作面支架除加强刹顶外，要用紧楔和打撞木的办法进行必要加固。

（2）掘进工作面要选择合理的掏槽方式及爆破参数。打眼应靠近支架开眼，使眼底正处于两支架的中间。

（3）采煤工作面要留有足够宽的炮道，掘进工作面要留有足够的掏槽深度。

（4）严格按作业规程规定的装药量进行装药，避免出现装药量过大现象。

2）预防爆破造成冒顶事故的措施

（1）采掘工作面遇到地质构造、顶板破碎、松软、裂隙发育时，应采用少装药放小炮，或直接挖过去的办法，减少对顶板的震动或破坏。

（2）顶眼眼底要与顶板距离 0.2 ~ 0.3 m；顶眼装药量严格按爆破作业说明书的要求装填，防止爆破时对顶板冲击强烈而造成冒顶。

（3）一次爆破的炮眼数量应控制在规定的范围内。炮眼布置的角度、位置和装药量合理。

（4）爆破前，应加固爆破地点及其附近的支架，防止崩倒支架。崩倒支架应及时扶起。空顶时，严禁装药爆破。

七、爆破引起瓦斯事故的原因及预防措施

1. 爆破引起瓦斯事故的原因

（1）没有严格执行"一炮三检"制度。

（2）瓦斯积聚。

（3）无炮泥或不按规定堵塞炮泥，炮泥堵塞质量差。

（4）违反规定，裸露爆破。

2. 预防瓦斯事故的措施

（1）加强检测，防止瓦斯积聚。

（2）加强通风管理，防止漏风，严格执行风电、瓦斯电闭锁。

（3）严格执行堵塞炮泥规定，使用高质量黏土炮泥和水炮泥。

（4）严禁裸露爆破。

（5）加强机电设备维修，严格使用隔爆电气设备，防止产生电火花。

【案例】2004 年 10 月 20 日，河南郑州某煤矿"10·20"特大煤与瓦斯突出引发特别重大瓦斯爆炸事故，死亡 148 人。这是爆破引起的迟到性突出造成的事故。

八、爆破引起煤尘事故的原因及预防措施

1. 爆破引起煤尘事故的原因

（1）不严格执行洒水降尘制度，煤尘超标。

（2）瓦斯浓度超限，瓦斯爆炸引起煤尘爆炸。

（3）不严格执行使用炮泥和水炮泥的规定，炮泥堵塞质量差，或不堵炮泥。

（4）裸露爆破。

（5）采煤工作面分组爆破不严格执行规定，扬起煤尘。

（6）放顶煤时，用爆破法处理大块煤卡住放煤口。

2. 预防煤尘事故的措施

（1）加强检测，执行好综合防尘措施，防止煤尘超限。

（2）加强检测，防止瓦斯浓度超限，严防瓦斯、煤尘混合爆炸。

（3）加强通风管理，严格执行风电闭锁。

（4）严格执行堵塞炮泥规定，使用好炮泥和水炮泥。

（5）严禁裸露爆破，严格按《煤矿安全规程》规定进行爆破作业，要防止爆破产生明火引起煤尘爆炸。

（6）采煤工作面分组爆破设计要合理，制度要严格。

（7）放顶煤时，严禁用爆破法处理大块煤卡住放煤口。

（8）用爆破法处理溜煤眼堵塞，要检查瓦斯浓度，使用被筒炸药。

九、爆破引起透水事故的原因及预防措施

水灾也是煤矿的重大灾害，水灾危及井下作业人员的生命安全，甚至井毁人亡。

1. 爆破引起透水事故的原因

透水事故的发生，取决于采掘范围内是否存在透水水源。透水水源主要包括地表水、地层水（潜水和承压水）、采空区积水和断层水。当接近上述透水水源或与其相联系的通道时，若不采取措施，尤其是在有透水预兆的情况下，还盲目爆破，就会发生透水事故。

（1）对矿井水文地质情况掌握不准。对井田范围内水文地质情况及采掘区域内存在的透水情况不清楚；或者即使知道，但又不确定，不能正确估算出涌水量。特别是在对以前煤矿采空区和矿井上部小煤矿积水情况摸不清时，采掘作业很容易盲目揭穿而造成透水事故。

（2）忽视安全，违章作业。有些矿井基本掌握透水隐患，但是因为盲目追求进度和产量，缺乏安全第一的思想，因此不能采取放水措施，违章作业，导致透水事故。

（3）缺乏安全技术培训，职工素质不高。有些矿井缺乏安全培训和安全思想教育，干部、工人技术素质差，即使出现透水预兆，也没有足够认识。因而没有及时采取措施或停止工作撤离人员。

2. 预防透水事故的措施

对矿井水害应遵循预防为主，防治并举的原则，目前应采取以下几个方面的预防措施：

（1）编制详细完整的水文地质资料。在生产建设过程中对矿井的透水水源进行认真的调查研究，掌握可能出水的断层及裂隙分布，了解含水层的补给来源和通道，查清井田内的采空区数量、分布地点，查清地面河流、湖泊、池塘积水区域和水量变化，编制详细完整的水文地质资料，做到心中有数。

对地面水要根据历年最高洪水位确定井口标高，必要时还应在井口修防水堤

坝。对井田范围内的河、沟、渠要疏干或改道。对地下水要采取探、放、隔、截、堵等综合措施。

（2）严格执行防治水有关规定。坚决贯彻"有疑必探，先探后掘"的原则。按照《防治水工作条例》的要求，制定切实可行的探放水措施。

打眼时，发现岩石发软、片帮、来压，钻孔中水有压力，水量增大，以及顶钻等异常时，应立即停止钻进，查明原因，撤出人员，采取措施。

（3）进行爆破作业遇到以下情况时，必须立即停止爆破，进行探放水：

①当采掘工作面接近采空区、水淹井巷区域、含水层、导水断层、溶洞和陷落柱时。

②接近水文地质复杂，并有出水征兆的区域时。

③接近可能与河流、湖泊、水库、池塘、水井相通的断层破碎带时。

④遇到透水预兆时。例如，空气忽然变冷、煤层发潮、煤壁挂汗、顶板滴水、水叫声、臭鸡蛋味、炮眼向外流水、夹顶钎子等。

第四章　特殊情况下的安全爆破及其事故的预防与处理

第一节　特殊情况下的安全爆破及其特点

一、特殊情况下的爆破

特殊情况下的爆破是指浅眼、接近积水区、巷道贯通、遇老空区、处理溜煤（矸）眼堵塞、煤与瓦斯突出工作面、石门揭穿（开）突出煤层、机采工作面打切口及遇坚硬夹层、井下反井掘凿井、过断层及裂隙带和岩性突变地带、厚煤层中下分层区段平巷掘进、放顶煤开采预裂、强制放顶等情况下的爆破。

二、特殊情况下安全爆破的特点

煤矿井下爆破事故大多与起爆有关，因为炸药本身只具有爆炸的可能性，要使炸药爆炸变为现实，需要从外部给予一定的能量，促使炸药爆炸。这些外界能量有热能、摩擦、撞击、电雷管起爆能等多种类型。电雷管和其他起爆材料的敏感度又高于工业炸药。一旦设计不合理、操作不善、违反爆破作业规程，就可能导致爆破事故的发生。

特殊情况下爆破时，由于情况特殊，条件复杂多变，因此，不能用一般常规的爆破方法处理，必须按《煤矿安全规程》的有关规定，并结合现场实际情况，制定爆破作业规程和爆破作业说明书，按要求合理选用爆炸物品，正确运用安全起爆技术，加强井下环境治理，严防爆破事故的发生。

第二节　特殊情况下的安全爆破及事故预防

一、浅孔爆破

1. 浅孔爆破的概念

炮眼深度小于 0.6 m 时的爆破，一般称为浅孔爆破。井下浅孔爆破多为巷道挖底、刷帮、挑顶等维修时深度小于 0.6 m 的炮眼爆破。

2. 浅孔爆破的安全措施

《煤矿安全规程》第三百五十九条 第（一）款规定：炮眼深度小于 0.6 m 时，不得装药、爆破；在特殊条件下，如挖底、刷帮、挑顶确需进行炮眼深度小于 0.6 m 的浅孔爆破时，必须制定安全措施并封满炮泥。

另外，浅孔爆破时，制定的安全措施必须符合下列要求：

（1）每孔装药量不得超过 150 g。

（2）炮眼必须封满炮泥。

（3）爆破前必须在爆破地点附近 20 m 范围内洒水降尘并检查瓦斯浓度，瓦斯浓度达到 1% 时，不准爆破。

（4）检查并加固爆破地点附近至少 10 m 范围内的支架。

（5）采取有效措施，保护好风水管路、电气设备及其他设施，以防崩坏。保护范围为爆破地点前后至少 5 m，距离采煤机不得小于 5 m。

（6）爆破时，必须布置好警戒并有值班班长在现场指挥。

（7）要确保巷道通风情况良好，严禁无风或微风作业。

【案例】2009 年 11 月 19 日 16 时 20 分，某煤矿南翼采区西巷道采煤工作面，由于炮眼最小抵抗线小于 0.5 m，而且封泥不足，爆破时产生火焰，引燃了顶部积聚的瓦斯，导致瓦斯爆炸事故，死亡 13 人，重伤 1 人。

二、接近积水区的爆破

1. 积水区的概念

积水区是指溶洞、含水层（包括流砂层、冲击层、风化带等）或含水断层、被淹巷道和采空区等积水区域。

由于水具有较强的流动性和渗透性，当地质、水文地质情况和采空区位置不明，或测量不准确，以及过去小煤窑的存在，往往在爆破时误穿积水区导致大量积水涌出，造成冲毁设备，伤亡人员，甚至淹没矿井等严重事故。

2. 接近积水区爆破的安全措施

积水区往往存有大量积水、瓦斯，若不慎爆破贯通积水区等水体，就可能发生突然涌水、人员中毒和瓦斯爆炸等恶性事故，非常危险。因此在接近水体附近时，必须采取相应的安全措施：

（1）在接近溶洞、含水丰富的地层（流砂层、冲积层、风化带等）、导水断层、积水的井巷和老空区，打开隔水煤（岩）柱放水等有透水危险的地点爆破时，必须坚持"预测预报，有疑必探，先探后掘，先治后采"的原则。

（2）接近积水区时，要根据已查明的情况进行切实可行的排放水设计，制定安全措施，否则严禁爆破。

（3）工作面或其他地点发现有透水预兆（挂红、挂汗、空气变冷、出现雾气、水叫、顶板来压、顶板淋水加大、地板鼓起或产生裂隙出现涌水、水色发浑有臭味、煤岩变松软等其他异状）时，必须停止作业，爆破工停止装药、爆破，及时汇报，采取措施，查明原因。若情况危急，必须发出警报，立即撤出所有受水害威胁地点的人员。

（4）打眼时，如发现炮眼潮湿、渗水或涌水，要立即停止钻眼，不要拔出钻杆，并马上向班组长或调度室汇报。

（5）合理选择掘进爆破方法，可采取多打眼、少装药、放小炮的方法，以利于保持煤体的稳定性。

（6）在距离水体 15 m 前，必须通过打探眼等有效措施探明水体的位置和范围，以及老空区的积水、瓦斯等情况。针对查明的情况，制定相应的安全措施。

（7）爆破穿透老空区或积水区时，所有人员都要撤到预先指定的安全地点，爆破工要在安全的条件下爆破，爆破后，立即查明积水区、老空区及其附近情况，确认安全后，方可恢复工作。

由于积水区资料不全、位置范围不清或测量不准，往往容易发生突发性爆破透水事故，造成重大伤亡。

三、巷道贯通爆破

1. 准确控制巷道贯通距离

两条巷道掘进贯通时，涉及互不通视的两个工作面，极易发生事故，为了确保安全，巷道贯通爆破必须符合下列规定和要求：

（1）用爆破方法贯通井巷时，必须有准确的测量图，每班在图上填明进度，准确控制巷道贯通距离。

（2）测量人员必须勤给中腰线，打眼工和爆破工要严格按中腰线调整方向和坡度，布置炮眼。

（3）当贯通的两个工作面相距 20 m（在有冲击地压的煤层，两个掘进工作面相距 30 m，综掘工作面相距 50 m）前，地测部门必须事先下达通知书，并且只准从一个工作面向前接通。

2. 巷道贯通爆破的安全措施

（1）加强通风、瓦斯管理：

①停掘工作面必须保持正常通风，设置栅栏和警标，经常检查风筒是否脱

节，还必须正常检查工作面及其回风流中的瓦斯浓度。瓦斯浓度超限时，必须立即处理。

②继续掘进工作面每次装药爆破前，班（组）长必须派专人和瓦斯检查员共同到停掘工作面，检查工作面及其回风流中的瓦斯浓度。瓦斯浓度超限时，先停止掘进工作面的工作，然后处理瓦斯。只有当两个工作面及其回风巷风流中的瓦斯浓度都在 1% 以下时，继续掘进工作面方可装药爆破。每次爆破前，在两个工作面入口必须有专人警戒。

③贯通后，必须停止采区内的一切工作，立即调整通风系统，风流稳定后，方可恢复工作。

（2）贯通爆破前，要加固贯通地点 10 m 范围内的支架、背好帮顶，防止崩倒支架或冒顶埋人。

（3）距贯通地点 5 m 内，要在工作面中心位置打超前探眼，探眼深度要大于炮眼深度 1 倍以上，眼内不准装药。在有瓦斯的工作面，爆破前用炮泥将探眼填满。

（4）与停掘已久的巷道贯通时，应按上述规定认真执行，并在贯通前，严格检查停掘巷道内的瓦斯、煤尘、积水、支架和顶板等情况，发现问题，立即处理，否则不准贯通。

（5）由班（组）长指派警戒人员，并亲自接送。在班（组）长或班（组）长指定的专人来接以前，警戒人员不得擅离岗位。

（6）间距小于 20 m 的平行巷道，其中一个巷道爆破时，两个工作面的人员都必须撤离至安全地点。

（7）两巷较近时，可以采取少装药、放小炮的方法进行爆破，防止崩垮巷道。

（8）到预测贯通位置而未贯通时，应立即停止掘进，查明原因，重新采取贯通措施。

【案例】2006 年 5 月 21 日 18 时 11 分，河南某煤矿开切眼贯通区域通风混乱，风量严重不足，爆破引起瓦斯爆炸，死亡 84 人，受伤 68 人，直接经济损失984.45 万元。

四、遇老空区的爆破

1. 老空区的概念

老空区是井下采空区和报废巷道的总称。由于老空区里面没有排水和通风设施，往往积存着大量的水、瓦斯和其他有害气体，爆破时如误穿老空区，往往易发生突然涌水、人员中毒和瓦斯爆炸等恶性事故。

2. 遇老空区爆破的安全措施

接近老空区时，必须制定安全措施，并注意以下事项：

（1）爆破地点距老空 15 m 前，必须通过打探眼、探钻等有效措施，探明老空区的准确位置和范围及其赋存瓦斯、积水、发火等情况。根据探明的情况采取措施，进行处理，否则不准装药或爆破。

（2）打眼时，如发现炮眼内出水异常，煤岩松散，工作面温度骤高、骤低，瓦斯大量涌出等异常情况，说明工作面已邻近老空区，必须查明原因，采取有效的放水、排放瓦斯等措施，爆破条件具备时才可以装药爆破。

（3）揭露老空爆破时，必须将人员撤至安全地点，并在无危险地点起爆。只有经过检查，证明无危险后，方可恢复工作。

（4）必须坚持"预测预报，有疑必探，先探后掘，先治后采"的原则，发现异常情况，必须查明原因，采取措施，否则不准装药爆破，以免误穿老空区，发生透水、火灾、瓦斯大量涌出，以及瓦斯爆炸等事故。

【案例】1999 年 11 月 15 日 20 时 10 分，辽宁阜新某煤矿一号井北翼平巷（+29 m）工作面因爆破后崩透老空，导致老空中高浓度的一氧化碳气体涌出，发生一氧化碳中毒事故，死亡 8 人，受伤 1 人，直接经济损失 50 万元。

五、处理溜煤（矸）眼堵塞爆破

1. 溜煤（矸）眼堵塞爆破存在的问题

溜煤（矸）眼堵塞是矿井经常遇到的问题，也常用爆破方法崩落卡在溜煤（矸）眼中的煤、矸。由于溜煤（矸）眼被堵塞后，往往通风不好，容易积聚瓦斯，而且煤尘也多，极易引起瓦斯、煤尘爆炸。

2. 溜煤（矸）眼堵塞爆破的安全措施

《煤矿安全规程》第三百六十条　处理卡在溜煤（矸）眼中的煤、矸时，如果确无爆破以外的其他方法，可爆破处理，但必须遵守下列规定：

（1）爆破前检查溜煤（矸）眼内堵塞部位的上部和下部空间的瓦斯浓度。

（2）爆破前必须洒水。

（3）使用用于溜煤（矸）眼的煤矿许用刚性被筒炸药，或者不低于该安全等级的煤矿许用炸药。

（4）每次爆破只准使用 1 个煤矿许用电雷管，最大装药量不得超过 450 g。

【案例1】2014 年 12 月 15 日，黑龙江鸡西某煤矿爆破处理煤仓堵塞，引起瓦斯爆炸，死亡 10 人。

【案例 2】2005 年 11 月 27 日，黑龙江七台河某煤矿，爆破处理煤仓堵塞事故，引起煤尘爆炸，死亡 171 人。

六、突出煤层松动爆破

1. 松动爆破

松动爆破是在工作面前方向煤体深部的高压力带打几个深度较大的炮眼，装药爆破后使煤体破裂松动、消除煤质软硬不均现象并形成瓦斯排放渠道。在工作面前方造成较长的低压带，使工作面前方应力集中带和瓦斯高压带移向煤体的更深部位，起到卸压和排放瓦斯的作用，故可预防瓦斯突出的发生。

松动爆破分深、浅两种，眼深小于 6 m 的称为浅孔松动，眼深大于 6 m 的称为深孔松动。

2. 突出煤层松动爆破的安全措施

《煤矿安全规程》第三百五十三条 在高瓦斯、突出矿井的采掘工作面实体煤中，为增加煤体裂隙、松动煤体而进行的 10 m 以上的深孔预裂控制爆破，可以使用二级煤矿许用炸药，并制定安全措施。

1）掘进工作面松动爆破

（1）在有突出危险的煤层中掘进巷道，一般在工作面布置 3 ~ 5 个钻孔（不得少于 2 个），孔径 42 mm 左右，孔深 8 ~ 10 m（不得少于 8 m）；钻孔底超前工作面不得少于 5 m。

（2）装药前，要把钻孔内的煤岩粉扫净。装药时，每孔装药量为 3 ~ 6 kg，采用串装方式，即把药卷都绑在竹片上一次装进，既快又顺利，能掌握好装药的位置，炮泥长度不得小于 2 m。

（3）爆破后在钻孔周围形成破碎圈和松动圈，圈内的煤分别为碎屑状和破碎状，有助于消除煤的软硬不均而引起的应力集中，并形成瓦斯排放通道，降低瓦斯压力和应力，这对于防突也是有利的。为了防止延期突出，爆破后至少等待 30 min，方可进入工作面。一般在松动爆破后，工作面停止作业 4 ~ 8 h。撤人和爆破的安全距离，根据突出危险程度确定，但不得少于 200 m，并处于新鲜风流中。

（4）松动爆破时，必须有撤人、停电、警戒、远距离爆破、反向风门等措施。

深孔松动爆破适用于煤层赋存稳定，无地质构造变化，煤质较硬，顶底板较好，突出强度较小的突出煤层。

2）采煤工作面松动爆破

（1）在有突出危险煤层中的回采工作面采用松动爆破时，其炮眼可布置在煤质松软、有突出征兆的地点和分层内，炮眼与工作面垂直；沿采煤工作面每隔2~3 m打一个孔深小于2 m的炮眼。

（2）装药前，炮眼内的煤粉清理干净，每孔装药450 g。封泥长度必须符合《煤矿安全规程》的规定，最小超前距离不得小于1 m。

（3）松动爆破时，必须做好停电、撤人、警戒等工作。

（4）松动爆破时，工作面停止作业，起爆距离不小于200 m，爆破20 min后方可恢复工作。

（5）《煤矿安全规程》第二百一十七条　突出煤层的采掘工作面，应当根据煤层实际情况选用防突措施，并遵守下列规定：

①不得选用水力冲孔措施，倾角在8°以上的上山掘进工作面不得选用松动爆破、水力疏松措施。

②突出煤层煤巷掘进工作面前方遇到落差超过煤层厚度的断层，应当按井巷揭煤的措施执行。

③采煤工作面采用超前钻孔预抽瓦斯和超前钻孔排放瓦斯作为工作面防突措施时，超前钻孔的孔数、孔底间距等应当根据钻孔的有效抽排半径确定。

④松动爆破时，应当按远距离爆破的要求执行。

七、突出工作面远距离爆破

突出工作面远距离爆破时应采取的措施如下。

（1）《煤矿安全规程》第二百二十二条　井巷揭煤采用远距离爆破时，必须明确起爆地点、避灾路线、警戒范围，制定停电撤人等措施。

井筒起爆及撤人地点必须位于地面距井口边缘20 m以外，暗立（斜）井及石门揭煤起爆及撤人地点必须位于反向风门外500 m以上全风压通风的新鲜风流中或者300 m以外的避难硐室内。

煤巷掘进工作面采用远距离爆破时，起爆地点必须设在进风侧反向风门之外的全风压通风的新鲜风流中或者避险设施内，起爆地点距工作面的距离必须在措施中明确规定。

远距离爆破时，回风系统必须停电撤人。爆破后，进入工作面检查的时间应当在措施中明确规定，但不得小于30 min。

（2）《煤矿安全规程》第二百二十三条　突出煤层采掘工作面附近、爆破撤离人员集中地点、起爆地点必须设有直通矿调度室的电话，并设置有供给压缩空气的避险设施或者压风自救装置。工作面回风系统中有人作业的地点，也应当设置压风自救装置。

（3）爆破必须使用安全等级不低于三级的煤矿许用含水炸药，爆破母线使用小电缆，其接头必须使用接线盒或冷补胶，严禁使用明接头延长爆破母线，并保证吊挂整齐。

（4）爆破时，必须把反向风门关闭，并严格执行"一炮三检"和"三人连锁爆破"制度。

（5）班组长亲自布置专人在警戒线和可能进入爆破地点的所有通道上担任警戒人员，警戒人员必须在有掩护的安全地点进行警戒，并设置警戒标志。

（6）《煤矿安全规程》第二百一十四条　井巷揭穿（开）突出煤层必须遵守下列规定：

①在工作面距煤层法向距离 10 m（地质构造复杂、岩石破碎的区域 20 m）之外，至少施工 2 个前探钻孔，掌握煤层赋存条件、地质构造、瓦斯情况等。

②从工作面距煤层法向距离大于 5 m 处开始，直至揭穿煤层全过程都应当采取局部综合防突措施。

③揭煤工作面距煤层法向距离 2 m 至进入顶（底）板 2 m 的范围，均应当采用远距离爆破掘进工艺。

④厚度小于 0.3 m 的突出煤层，在满足①的条件下可直接采用远距离爆破掘进工艺揭穿。

⑤禁止使用震动爆破揭穿突出煤层。

（7）《煤矿安全规程》第二百二十一条　突出煤层的石门揭煤、煤巷和半煤岩巷掘进工作面进风侧必须设置至少 2 道反向风门。爆破作业时，反向风门必须关闭。反向风门距工作面的距离，应当根据掘进工作面的通风系统和预计的突出强度确定。

八、机采工作面遇坚硬夹层时的爆破

（1）《煤矿安全规程》第一百一十七条第（二）款　工作面遇有坚硬夹矸或者黄铁矿结核时，应当采取松动爆破处理措施，严禁用采煤机强行截割。

（2）采取松动爆破时的具体要求如下：

①工程技术人员根据夹石的厚度、硬度、性质等情况，制定松动爆破的炮眼参数（包括深度、眼距、角度）及装药量、封泥长度和对设备保护的安全措施等，报矿总工程师批准后执行。

②爆破前，必须加强对机器、液压支架和电缆等的保护或将其移出工作面，爆破区内的液压支架、电缆等用挡帘挡隔（或给液压支架立柱穿上裤套），把采

煤机开出爆破地点 30 m 以外，否则不准爆破。

③按《爆破作业规程》规定的装药量装药，并填满炮泥，以达到将夹矸或黄铁矿结核震裂、破碎的要求，所规定的炮眼眼距应能使炮眼之间的夹矸发生贯穿裂缝，眼深一般是截割进度的两倍。起爆应采用瞬发电雷管一次起爆或毫秒电雷管起爆。

④爆破时，严格执行"一炮三检"制度。瓦斯浓度超限时，严禁装药爆破。

一般情况下，普采工作面（尤其是综采、综放工作面）尽可能不进行爆破，以免崩坏机电设备和炮烟腐蚀液压支架立柱的镀层。

九、过断层、裂隙带和岩性突变地带时的爆破

在煤矿井下生产过程中，常常遇到不同的地质构造，这些地质构造往往造成采掘工作面条件发生很大变化，给爆破工作和煤矿安全带来很大影响。因此，过断层、裂隙带和岩性突变带爆破时应注意以下事项：

（1）必须加强掘进地段的地质调查工作，根据所掌握的地质资料，及时制定具体的施工方法和安全措施。

（2）在破碎带中掘进，必须一次成巷，尽可能缩短围岩暴露时间，减小顶板出露后的挠曲离层，提高顶板的稳定性。

（3）施工中要严格执行操作规程、交接班和安全检查制度。要经常观察围岩稳定状况的变化情况，一旦发现异常必须及时处理。

（4）掘进工作面邻近断层或过断层时，巷道支护应采用 U 形钢支架或 U 形钢支架加锚网喷或锚索的复合支护，棚距比正常段要小。

（5）必须减小控顶距离，及时架设临时支架，永久支护紧跟工作面迎头。

（6）采用钻爆法破煤（岩）时，必须少打眼、少装药、放小炮，尽量保持围岩的稳定性。若爆破中顶板难以控制与管理，有冒顶危险，应改用风（手）镐方法掘进。

（7）巷道支架背板要严实，提高支架对围岩的支护能力，防止掘进中漏顶或漏帮。

（8）当顶板特别松软破碎时，可打撞楔控制破碎顶板。具备条件时，也可采用对顶板注浆锚固的方法。

（9）在顶板岩性突变地段，要及时打点柱支护突变带顶板。要及时敲掉离层伞檐状围岩。

十、厚分层、中下分层平巷掘进时的爆破

厚分层、中下分层平巷掘进时的爆破主要有以下注意事项：

（1）在顶板破碎、金属网不好等易抽冒的情况下，要放小炮。工作面上部要少打眼、少装药，防止崩坏假顶。顶板破碎漏顶时，用撞楔板、杆等提前控制好顶板，如果抽冒严重时，要改为风镐操作。

（2）每次爆破前后，都要对掘进迎头附近的支护情况由外向里进行检查，先处理好问题后再工作。对退路中损坏的支架或抬棚要及时修复或更换。换梁时迎头不许有人工作。

（3）金属网假顶下有破损时，要及时打撞楔控制，放小炮。网破严重时，同样用手镐掘进，减小掘进对顶板的震动。

（4）对压力大的顶梁要打上中柱，隔两架打一棵或缩小棚距。过上分层冒顶区时要打撞楔、放小炮，并打钻以探虚实。

十一、放顶煤开采时的预裂爆破

放顶煤开采时的预裂爆破有以下注意事项：采用预裂爆破对坚硬顶板或者坚硬顶煤进行弱化处理时，应在工作面未采动区进行，并制定专门的安全技术措施。严禁在工作面采用炸药爆破的方法处理顶煤、顶板及卡在放煤口的大块煤（矸）。

《煤矿安全规程》第一百一十五条　采用放顶煤开采时，必须遵守下列规定：

（1）矿井第一次采用放顶煤开采，或者在煤层（瓦斯）赋存条件变化较大的区域采用放顶煤开采时，必须根据顶板、煤层、瓦斯、自然发火、水文地质、煤尘爆炸性、冲击地压等地质特征和灾害危险性进行可行性论证和设计，并由煤矿企业组织行业专家论证。

（2）针对煤层开采技术条件和放顶煤开采工艺特点，必须制定防瓦斯、防火、防尘、防水、采放煤工艺、顶板支护、初采和工作面收尾等安全技术措施。

（3）放顶煤工作面初采期间应当根据需要采取强制放顶措施，使顶煤和直接顶充分垮落。

（4）采用预裂爆破处理坚硬顶板或者坚硬顶煤时，应当在工作面未采动区进行，并制定专门的安全技术措施。严禁在工作面内采用炸药爆破方法处理未冒落顶煤、顶板及大块煤（矸）。

（5）高瓦斯、突出矿井的容易自燃煤层，应当采取以预抽方式为主的综合

抽采瓦斯措施和综合防灭火措施，保证本煤层瓦斯含量不大于 6 m^3/t。

（6）严禁单体支柱放顶煤开采。

有下列情形之一的，严禁采用放顶煤开采：

（1）缓倾斜、倾斜厚煤层的采放比大于 1∶3，且未经行业专家论证的；急倾斜水平分段放顶煤采放比大于 1∶8 的。

（2）采区或者工作面采出率达不到矿井设计规范规定的。

（3）煤层有突出危险的。

（4）坚硬顶板、坚硬顶煤不易冒落，且采取措施后冒放性仍然较差，顶板垮落充填采空区的高度不大于采放煤高度的。

（5）矿井水文地质条件复杂，放顶煤开采后有可能与地表水、老窑积水和强含水层导通的。

（6）放顶煤开采后有可能沟通火区的。

十二、强制放顶时的爆破

在使用全部垮落法放顶的地方，要求有正常的初期来压和周期来压。顶板在回柱之后或液压支架前移之后，支架后面的顶板应垮落下来，而且逐步充满整个空间。但是有的顶板坚硬，会形成大面积悬顶而不冒落，不加处理，一旦大面积自然冒落，必然形成暴风，摧毁工作面支架，或形成工作面切顶（岩石沿煤壁断落），压毁工作面支架。

为防止工作面切顶事故的发生，应在支架下面安全条件好的地方朝顶板打眼进行强制性爆破放顶，使顶板每次小范围垮落。

（1）一般根据顶板坚硬程度，沿切顶线打一排孔深 1.5 m 以上的钻孔，孔距一般为 0.5 m，装煤矿许用含水炸药不超过 3 卷，作龟裂爆破，切开顶板。

（2）当工作面有伪顶时，不管伪顶有无空响，伪顶与直接顶有无脱层，也应自切顶线打超过伪顶厚度的炮眼，装药爆破切开直接顶，确保垮落可靠。

①提前 1～2 天清理工作面上下平巷的煤尘，并将浮煤清理干净。

②装药前将工作面及上下平巷的水仓积水抽排干净，工作面所有支架必须处于完好状态，接顶良好，初撑力达到额定工作阻力的 80%，超前支护必须符合作业规程要求，然后切断工作面和平巷所有设备的电源。

③运送炸药、导爆索及电雷管的矿车要用木板衬垫底板，电雷管、炸药必须分开单独运输。运送前必须通知调度室，由调度统一安排，避开人员集中上下井时间。装运过程中必须有安监人员现场监控。

④装药前必须撤离工作面回风系统中的所有人员，并在能进入回风系统的地

点设警戒。

⑤由于装药量大，警戒距离和爆破距离要求大于 500 m，爆破前必须由专人仔细清点人数。

⑥在爆破作业中严格执行"一炮三检"和"三人连锁爆破"制度。

⑦爆破完毕后，只有在工作面炮烟被吹散，有害气体和粉尘浓度经检测符合《煤矿安全规程》的要求，警戒人员由布置警戒的组长亲自撤回后，其他人员方可进入工作面。

十三、开凿或延深立井井筒时的爆破

《煤矿安全规程》对开凿或延深立井井筒爆破时的有关规定如下。

（1）《煤矿安全规程》第三百四十四条　开凿或者延深立井井筒，向井底工作面运送爆炸物品和在井筒内装药时，除负责装药爆破的人员、信号工、看盘工和水泵司机外，其他人员必须撤到地面或者上水平巷道中。

（2）《煤矿安全规程》第三百四十五条　开凿或者延深立井井筒中的装配起爆药卷工作，必须在地面专用的房间内进行。

专用房间距井筒、厂房、建筑物和主要通路的安全距离必须符合国家有关规定，且距离井筒不得小于 50 m。

严禁将起爆药卷与炸药装在同一爆炸物品容器内运往井底工作面。

（3）《煤矿安全规程》第三百四十六条　在开凿或者延深立井井筒时，必须在地面或者在生产水平巷道内进行起爆。

在爆破母线与电力起爆接线盒引线接通之前，井筒内所有电气设备必须断电。

只有在爆破工完成装药和连线工作，将所有井盖门打开，井筒、井口房内的人员全部撤出，设备、工具提升到安全高度以后，方可起爆。

爆破通风后，必须仔细检查井筒，清除崩落在井圈上、吊盘上或者其他设备上的矸石。

爆破后乘吊桶检查井底工作面时，吊桶不得蹾撞工作面。

十四、有瓦斯或煤尘爆炸危险的采掘工作面的爆破

有瓦斯或煤尘爆炸危险的采掘工作面爆破时，主要有以下注意事项：

（1）爆炸生成气体的温度高，作用时间长，是引爆瓦斯最危险的因素，特别是含有游离氧、氧化氮等气体时，由于具有强氧化作用，易使瓦斯爆炸；含有游离氢、一氧化碳等气体时，它们接触空气时可能要燃烧产生二次火焰，因此，

煤矿炸药的氧平衡特别重要。变质炸药、起爆能不足的电雷管都会因爆炸作用不完全而产生上述不良气体产物，所以禁止使用。

（2）炮眼必须进行良好的填塞后才准爆破；瓦斯矿井爆破必须使用防爆型起爆器，电雷管连线只能用串联。

（3）采用毫秒爆破。在掘进工作面必须全断面一次起爆；在采煤工作面，可采用分组装药，但一组装药必须一次起爆；严禁在一个采煤工作面使用2台起爆器同时进行爆破。

（4）在高瓦斯矿井中爆破时，都应采用正向起爆。瓦斯矿井采用毫秒爆破时可反向起爆，但必须制订安全措施。

《煤矿安全规程》第三百五十一条　在有瓦斯或者煤尘爆炸危险的采掘工作面，应当采用毫秒爆破。在掘进工作面应当全断面一次起爆，不能全断面一次起爆的，必须采取安全措施。在采煤工作面可分组装药，但一组装药必须一次起爆。

严禁在1个采煤工作面使用2台发爆器同时进行爆破。

《煤矿安全规程》第三百五十二条　在高瓦斯矿井采掘工作面采用毫秒爆破时，若采用反向起爆，必须制定安全技术措施。

《煤矿安全规程》第三百五十三条　在高瓦斯、突出矿井的采掘工作面实体煤中，为增加煤体裂隙、松动煤体而进行的10 m以上的深孔预裂控制爆破，可以使用二级煤矿许用炸药，并制定安全措施。

《煤矿安全规程》第三百六十二条　在有煤尘爆炸危险的煤层中，掘进工作面爆破前后，附近20 m的巷道内必须洒水降尘。

安全操作技能

模块一 爆破前安全准备

项目一 发爆器安全检查

1. 检查发爆器
（1）外观无损坏。
（2）外壳固定螺丝、接线柱牢靠。
（3）防尘小盖、氖气灯完好。
2. 测试发爆器电池
（1）发爆器钥匙完好。
（2）用钥匙将发爆器扭到充电位置。
（3）确认发爆器完成充电时间正常。

项目二 电雷管安全检查

1. 检查电雷管
（1）未受潮、无砂眼、无裂缝。
（2）脚线裸露处无锈蚀。
2. 领用核对
（1）数量、品种、规格与领用单相符。
（2）在有效期内。

项目三 炸药安全检查

1. 检查炸药
（1）未受潮、无变形。
（2）药卷不漏药。

2. 领用核对

（1）数量、品种、规格与领用单相符。

（2）在有效期内。

项目四　起爆药卷安全制作

1. 抽取电雷管

理顺成束电雷管脚线→轻拉单个电雷管前端脚线，将其慢慢抽出→把抽取的电雷管脚线扭结成短路状态。

2. 制作起爆药卷

确认起爆药卷制作地点顶板完好、支护完整、避开电气设备→轻揉炸药卷顶部，开启药卷封口→使用木扦或竹扦在药卷顶端中心，垂直扎好略大于电雷管直径的孔→把电雷管全部管体插入孔眼中→将电雷管脚线在药卷上拴一个扣→把剩余的脚线全部缠在药卷上→扭结电雷管脚线末端成短路状态→将起爆药卷轻轻放入专用药箱。

起爆药卷制作方法如下：

（1）药卷扎眼装配。先将药卷顶部揉软，再用 1 根略大于电雷管直径的尖头木棍或竹棍，在药卷顶端中心垂直扎一孔眼，将电雷管全部插入孔眼中，然后用电雷管脚线在药卷上套 1 个扣，剩余脚线全部缠绕药卷，以便把电雷管固定在药卷内，并把电雷管脚线末端扭结成短路，如图 5 - 1 所示。

（2）启开药卷封口装配。先用手将药卷揉搓松软，再打开药卷顶部封口，用木竹棍在药卷顶端中心扎略大于电雷管直径的孔眼，再将电雷管全部装入药卷，用电雷管脚线把封口扎牢，同时把电雷管脚线末端扭结成短路，如图 5 - 2 所示。

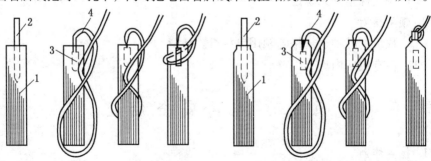

1—药卷；2—扎眼棍；3—电雷管；4—脚线　　1—药卷；2—扎眼棍；3—电雷管；4—脚线

图 5 - 1　引药扎眼装配示意图　　　　图 5 - 2　启开药卷封口装配示意图

严禁用电雷管代替竹棍、木棍扎眼；电雷管必须全部插入药管内；严禁将电雷管从侧面斜插在药卷中部或捆在药卷上。

在现场装配起爆药卷操作中，有的爆破工为了图省事，怕麻烦，采取如图5-3所示的装配方法。这些不正确的装配方法，不仅不利于正常引爆药卷，还有可能会使炸药的爆速和传爆性能降低，甚至有可能产生爆燃和拒爆。

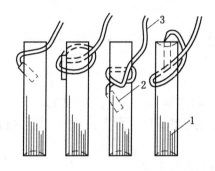

1—药卷；2—电雷管；3—脚线

图5-3　错误的引药装配方法

模块二 装药、连线安全操作

项目一 装药安全操作

1. 清孔与验孔

（1）使用掏勺或吹眼器清除炮眼内的煤尘或岩粉。

（2）使用炮棍查验炮眼的深度、角度和方向，确认炮眼符合装药条件。

2. 装药

（1）确认甲烷浓度不超过 1.0%。

（2）使用炮棍将药卷轻轻推入眼底，确认装入的药卷彼此密接。

（3）一只手向炮眼内缓缓推进起爆药卷，另一只手轻轻松直电雷管脚线。

（4）装药后，将电雷管脚线悬空放置。

3. 封泥

（1）紧靠药卷装填 30～40 mm 的黏土炮泥，再装填适量的水炮泥和黏土炮泥。

（2）一只手轻轻拉住电雷管脚线，另一只手轻捣、压实炮眼封泥。

（3）将电雷管脚线扭结成短路状态，并盘放在炮眼口附近。

项目二 连线安全操作

1. 检查爆破母线

（1）材质相同，长度合适、无损伤。

（2）接头无锈蚀、无松脱。

（3）呈短路状态。

（4）悬挂位置、悬挂方式、与其他导体的间距合理。

2. 连线准备

（1）撤出现场与爆破工作无关的人员。

（2）顶板、煤壁、两帮和支架等完好、可靠。

（3）刮净连线接头并保持清洁。

3. 连接脚线与脚线、脚线与连接线

（1）把相邻电雷管的脚线彼此连接起来，然后把两端脚线通过端线与母线连接起来，再把母线接到电源上（串联连接方式）。

（2）脚线不够长时，用规格相同的脚线作连接线。

（3）采用"对头"连接方式进行连接。

（4）脚线之间、脚线与连接线之间的接头连接牢靠，位置错开，并悬空放置。

连线接头要用对头连接，如图 5-4a 所示；不要用并头连接，如图 5-4b 所示。

4. 连接爆破母线

（1）确认连接前爆破母线无电流。

（2）爆破工一人将脚线或连接线与爆破母线连接。

（3）爆破母线的连接接头扭紧并悬空放置。

（4）爆破母线与电缆分别挂在巷道两侧，必须挂在一侧时，爆破母线挂在电缆下方，并保持 0.3 m 以上的距离。

（5）将爆破母线扭结成短路状态。

连接线与爆破母线正确及错误的连接方法如图 5-5 所示。

(a) 正确的连接方法　(b) 错误的连接方法

图 5-4　脚线、连接线、
端线间的连接

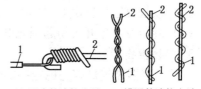

(a) 正确的连接方法　(b) 错误的连接方法

1—脚线；2—爆破母线

图 5-5　脚线或连接线与
爆破母线的连接

模块三 起爆安全操作及拒爆、残爆安全处理

项目一 起爆安全操作

1. 起爆准备
(1) 确认甲烷浓度不超过 1.0%。
(2) 确认爆破警戒到位、采用绝缘母线单回路爆破,进行电爆网路全电阻检测。
(3) 连接爆破母线与发爆器上的接线端并拧紧接线。
(4) 爆破工最后离开爆破地点,并在安全地点起爆。
(5) 起爆地点到爆破地点的距离合理。
2. 发爆器充电
(1) 接收班组长发出的起爆命令。
(2) 旋转发爆器开关钥匙到充电位置。
3. 起爆操作
确认发爆器氖气灯闪亮稳定→发出爆破警号,至少等待 5 s 后→扭转发爆器钥匙放电起爆。
4. 起爆后操作
立即拔出钥匙→摘下爆破母线→将爆破母线扭结成短路状态→确认甲烷浓度不超过 1.0%。

项目二 全网路拒爆原因查找

拔出钥匙→摘下爆破母线→将爆破母线扭结成短路状态→等待规定时间后,沿母线检查,找出拒爆原因(在处理拒爆期间不得解除警戒)。

项目三　拒爆、残爆安全处理

1. 准备

（1）确认爆破现场没有从事与处理拒爆无关的工作人员。

（2）确认爆破警戒到位。

2. 处理

（1）因连线不良造成的拒爆，重新连线起爆。

（2）由于装药不良造成的拒爆，在距拒爆炮眼 0.3 m 以外，另打一个与拒爆炮眼平行的新炮眼，重新装药起爆。

（3）详细检查炸落的煤、矸，收集未爆电雷管。

参 考 文 献

［1］ 国家安全生产监督管理总局，国家煤矿安全监察局．煤矿安全规程［M］．北京：煤炭工业出版社，2016.

［2］ 国家煤矿安全监察局．煤矿安全生产标准化基本要求及评分办法（试行）［M］．北京：煤炭工业出版社，2017.

［3］ 冯秋登，樊铮钰．爆破工［M］．北京：煤炭工业出版社，2009.

［4］ 楼建国．煤矿井下爆破作业［M］．徐州：中国矿业大学出版社，2014.

［5］ 易善刚．煤矿井下爆破作业［M］．徐州：中国矿业大学出版社，2016.

［6］ 袁亮．煤矿安全规程解读［M］．北京：煤炭工业出版社，2016.

［7］ 王淞．煤矿井下爆破作业的危险预知与预防［J］．中国煤炭工业，2015（6）：58－59.

［8］ 国家煤矿安全监察局．煤矿安全技术实际操作考试标准（试行）［M］．北京：煤炭工业出版社，2016.